数理論理学の基礎・基本

POD版

坪井 明人 著

森北出版

本書は，2012年に牧野書店から発行された書籍を，内容の一部を修正して継続発行することになったものです．

まえがき

理論と論理という二つの字面の似た言葉がある．

理 論

論 理

と書くと，横書きなのか縦書きなのかすらわからない．日常会話では同じような意味で使われることもある．他人を非難するときの「論理的におかしい」と「理論的におかしい」という二つの日本語は，「あなたの話に納得できない」という意味では同じである．しかし，何がおかしいかについては異なっている．非常に簡単に説明すれば，理論は「知識の体系」のことであり，論理は「正しい考え方（思考の法則）」のことである．事実の認識は正しいが，そこからの考え方が間違っていると批判する場合は「論理的におかしい議論だ」と批判する．考えのもとになる知識の部分がすでにおかしければ，「理論的におかしい」と批判する．もっともこのような人とは最初から議論しない方が健全な生き方かも知れない．

人間の思考を図式的に書けば，

理論 − − − − − − − → 結論

↑ ↑ ↑

論理

となる．たとえば数学でいえば，理論は公理，結論は定理になる．公理をもとに正しい考え方，推論を繰り返し適用して，結論である定理を得る．

理論に対しては，有名なゲーデルの不完全性定理というものがある．

理論は不完全である

という主張である．もう少し詳しくいえば，ある程度強い数学の体系においては，その体系で表現できる命題であっても，その体系の中で証明や反駁ができないものが存在するという主張である．残念ながら本書では不完全性については扱わない．本書で扱うのは論理である．同じゲーデルの定理であるが，完全性定理というものがある．

論理は完全である

という主張である．「完全であり不完全であるものは何ぞや」となると禅問答になるが，いまの場合は完全なるものの対象と不完全なるものの対象は異なるので，別に不思議なことではない．もう一度復習するが，「論理」とは状況によらず成立する正しい考え方，普遍的推論方法のことである．完全性定理は，「論理」というものを完全にかつ具体的に記述できることを主張する．論理というものは複雑に見えるが，実はいくつかの基本的なパターンの組み合わせで実現されるという定理である．極言すれば，人間の思考のうち純粋な論理の部分は簡単なので，機械に代用してもらうこともできる，という意味である．この完全性定理の意味が正確に理解できるように，論理学の基礎から述べて，その証明を与えるのが本書の大きな目標である．

数理論理学では論理を対象に数学的議論を行う．その数学的議論自体ももちろん論理を使うので，研究対象としての論理と議論をするための論理とを区別する必要がある．対象としての論理を形式的な体系として定義する．論理のうち，任意や存在の概念が現れない比較的簡単な論理を形式的に定義したものが，命題論理である．基本的な命題から新しい命題を作る論理記号（接続語）として $\wedge$「かつ」，$\vee$「または」，$\rightarrow$「ならば」，$\neg$「でない」だけを持つ．命題論理は弱い体系なので，数学をそこで展開することは不可能である．しかし，対象としての論理に慣れるためにはこれを学ぶことは重要である．数学を展開するためには，「任意の $\cdots$ に対して $\cdots$」という形の命題を表現する論理記号 $\forall$ や「$\cdots$ を満たす $\cdots$ が存在する」を表現するための論理記号 $\exists$ を持たなければならない．∀や∃を量化記号とよぶが，量化記号を持つ論理を述語論理とよんでいる．述語論理の完全性を厳密に証明することが大きな目標である．

本書の構成について説明しておく．第1章で本書に必要な基礎的な知識，概念と記法について述べる．ほとんどは集合に関するものである．特に同値関係という概念は重要である．数学では同じようなものを同じものと見て同一視することが頻繁に行われる．何と何を同じものと見るかは場合によって異なる，どれとどれを同一視するかは，この同値関係により指定される．

集合の濃度の概念や，ツォルンの補題についても述べる．ツォルンの補題は，与えられた条件を満たす極大な（それ以上大きなものがない）集合の存在を保証する．ベクトル空間の基底の存在証明などに用いられている．同値関係やツォルンの補題は完全性定理の証明において重要な役割を果たす．

第2章では，命題論理について述べる．基本的な事項から始めて，トートロジーと充足性の概念を定義する．トートロジーは常に成立する命題に対応する．充足的な命題とはある状況では成立する命題と考えてよい．充足性に関して，コンパクト性定理を証明する．コンパクト性定理は第5章では，（より一般の形で）述語論理について証明される．

第3章では，述語論理について述べる．言語，項，論理式などの概念について正確に述べた後で，論理の公理と推論規則からなる論理の形式的体系を導入する．完全性定理を証明するために必要な二つの重要な補題を証明することが中心になる．

第4章では，構造について述べる．前章までで述べたのは形式的な記号操作についてである．論理式を証明するための形式的体系であるが，その操作は意味を考えずに行えるものであり，したがって原理的には機械にもできる．これに対して，意味を与えるのは構造である．いわゆる数学的構造がすべてわれわれの意味で構造になるように，構造の概念を定義する．構造は数学において基本的なものであり，数学で意味を考えるうえで非常に重要な概念であるが，残念ながら無限構造は（このままでは）機械には扱えない．

第5章では，完全性定理を正確に述べて，その証明を与える．ここで証明を与える完全性定理は，

論理式の集合が矛盾していなければ，それらを成立させる構造がある

という形である．証明で必要になる基礎事項としては，ツォルンの補題と第3章で述べた二つの補題である．技術的には形式的対象である項たちから構造を作るステップが重要であり，この際に同値類の概念を用いる．

第6章では，完全性定理の応用を述べる．完全性定理は数学に対して応用を持つ．実際に応用される場合には，完全性から直接的に導かれるコンパクト性定理の形で使われることが多い．超準解析もそのような例の一つである．無限小という概念を数学的に厳密に定義して，微積分の初歩をこの立場で議論する．ε-δ 論法について知っていることが望ましい．

なお，本書の内容は筑波大学での数理論理学の講義内容をまとめたものである．原稿の段階で多くの意見をいただいた聖徳大学の池田一磨氏に感謝の意を表したい．そのご意見をもとに書き直し，少しは読みやすいものになったのではないかと思う．

2011 年 11 月吉日

坪井　明人

POD版の出版にあたり，読者および同業者のコメントを参考に訂正した部分があります．特に日本大学の志村立矢氏，現在神戸大学の後藤達哉氏，および裳華房の久米太郎氏からは貴重なご意見をいただきました．技術的な要請によりすべてを反映することはできませんでしたが，感謝の意を表したいと思います．

2023 年 4 月吉日

坪井　明人

目　次

第1章 準　備

本書で必要になる基本的な概念や記法について本章で述べる．記法はごく普通のものを用いる．また基礎知識としては，大学教養程度 (1，2 年生程度) の集合の知識があれば十分である．同値関係，集合の濃度，ツォルンの補題などが本書を理解するためには必要となるため，本章ではそれらを中心に述べる．逆にいえば，それらをある程度知っている読者は，本章は必要になったときに読めばよい．

1.1 集　合

集合とは「もの」の集まりである．「もの」はその集合の元 (要素，点など) とよばれる．本章では $A, B, \ldots$ などは集合を表し，$a, b, x, \ldots$ などは集合の元を表す．集合自体が他の集合の元になることもある．最初に記法の復習を行う．

- $a \in A$ ：a が A に属する．
- $a \notin A$ ：a が A に属さない．
- $A \subset B$ ：A が B の部分集合である．A の元はすべて B に属する．
- $\{x \in A : C(x)\}$ ：集合 A に属する元 x の中で条件 $C(x)$ を満たすものだけを集めた集合．A が明らかなときは省略することがある．
- $\varnothing$ ：空集合 (元をまったく含まない集合)．
- $\{a, b\}$ ：丁度 a と b だけを元として含む集合．($\{a\}$, $\{a_1, \ldots, a_n\}$ などの表現も用いる．)
- $A \cup B$ ：A と B の和集合．($A_1 \cup \cdots \cup A_n$ などの表現も用いる．)

- $A \cap B$ ：A と B の共通部分．($A_1 \cap \cdots \cap A_n$ などの表現も用いる．)
- $A \setminus B$ ：差集合 $\{a \in A : a \notin B\}$．

次の例は明らかであろう．

例 1.1

(1) $0 \in \{0, 1\}$, $2 \notin \{0, 1\}$.

(2) $\{a, b\} \cup \{c, d\} = \{a, b, c, d\}$.

(3) $\{0, 1, 2\} \cap \{1, 2, 3\} = \{1, 2\}$.

(4) $\{0, 1, 2\} \setminus \{1, 2, 3\} = \{0\}$.

(5) $A \setminus A = \varnothing$.

例 1.2

(1) 交換法則

- $A \cup B = B \cup A$,
- $A \cap B = B \cap A$.

(2) 分配法則

- $(A \cup B) \cap C = (A \cap C) \cup (B \cap C)$,
- $(A \cap B) \cup C = (A \cup C) \cap (B \cup C)$.

(3) 結合法則

- $(A \cup B) \cup C = A \cup (B \cup C)$,
- $(A \cap B) \cap C = A \cap (B \cap C)$.

無限個の集合に対しても，和集合，共通部分が定義される．各 $i \in I$ に対して集合 A_i が与えられているとき，

(1) A_i たちの和集合は $\bigcup_{i \in I} A_i$ で表す．これは，いずれかの A_i に属する元をすべて集めてきた集合である．

(2) A_i たちの共通部分は $\bigcap_{i \in I} A_i$ で表す．これは，すべての A_i に共通して属する元を集めてきたものである．

集合 A の部分集合全体も集合であり，これを $\mathfrak{P}(A)$ で表して，A のべき集合とよぶ．二つの集合 A, B に対して，

$$A \times B = \{(a, b) : a \in A,\ b \in B\}$$

を A と B の直積集合という．$A \times A$ は A^2 と略記する．また自然数 n に対して (帰納的に) $A^{n+1} = A^n \times A$ が定義できる．

例 1.3

(1) $\mathfrak{P}(\{0, 1\}) = \{\varnothing, \{0\}, \{1\}, \{0, 1\}\}$.

(2) $\{1, 2\} \times \{2, 3\} = \{(1, 2), (1, 3), (2, 2), (2, 3)\}$.

例題 1.1 $a \neq b$ のとき，$(A \times \{a\}) \cap (B \times \{b\}) = \varnothing$ を示せ．

解 $(A \times \{a\}) \cap (B \times \{b\})$ に元が存在しないことを示せばよい．$(c, d) \in (A \times \{a\}) \cap (B \times \{b\})$ とすれば，$d \in \{a\}$ でかつ $d \in \{b\}$ である．よって $a = d = b$ となる．これは $a \neq b$ に矛盾する． □

数学の議論でよく使われる集合には名前がついている．

- $\mathbb{N}$ ：自然数全体の集合．本書では自然数は 0 から始まる．$\mathbb{N} = \{0, 1, 2, \ldots\}$ である．
- $\mathbb{Z}$ ：整数全体の集合,
- $\mathbb{Q}$ ：有理数全体の集合,
- $\mathbb{R}$ ：実数全体の集合,
- $\mathbb{C}$ ：複素数全体の集合．

1.2 集合のブール結合

A を空でない集合とする．部分集合 $X, Y \subset A$ に対して，演算

(1) $X \cap Y$,

(2) $X \cup Y$,

(3) $X^c = \{a \in A : a \notin X\} = A \setminus X$ (補集合)

を考える．いま $\mathfrak{X} \subset \mathfrak{P}(A)$ として，$\mathfrak{X}$ に属する集合たちに (1)-(3) を何回か繰り返し施して得られる A の部分集合を $\mathfrak{X}$ のブール結合という．

例 1.4 $\mathfrak{X} = \{X_1, X_2, X_3\}$ のとき，

$$X_1,\ (X_2)^c,\ X_1 \cap X_2,\ (X_1 \cap X_2) \cup X_3,\ (X_1 \cap X_2)^c \cup ((X_1)^c \cap X_3)$$

などは $\mathfrak{X}$ のブール結合である．

次の等式はド・モルガンの法則とよばれる．

$$(X \cap Y)^c = X^c \cup Y^c, \quad (X \cup Y)^c = X^c \cap Y^c.$$

補題 1.1　$\mathfrak{X} \subset \mathfrak{P}(A)$ を考える．$\mathfrak{Y} = \mathfrak{X} \cup \{X^c : X \in \mathfrak{X}\}$ とおく．このとき，$\mathfrak{X}$ のブール結合 B は次の形の標準形を持つ．

(1) 有限個の $Y_{ij} \in \mathfrak{Y}$ $(i \in I, j \in J)$ を選んで，

$$B = \bigcup_{i \in I}(\bigcap_{j \in J} Y_{ij}).$$

(2) 有限個の $Y_{ij} \in \mathfrak{Y}$ $(i \in I, j \in J)$ を選んで，

$$B = \bigcap_{i \in I}(\bigcup_{j \in J} Y_{ij}).$$

証明　使う事実は，分配法則があれば式の展開ができるという事実とド・モルガンの法則である．(1) を示す．B を構成するのに必要とする操作 (和をとる操作，共通部分をとる操作，補集合をとる操作) の回数 n に関する帰納法で証明する．$n = 0$ ならば B 自身が $\mathfrak{X}$ に属することを意味するので，自明に (1) の形で書けている．$n + 1$ 回の場合を考える．C, D がすでに (1) の形をしているとする．$B = C \cap D$, $B = C \cup D$, $B = (C)^c$ の各場合について，B が再び (1) の形になることを示せばよい．議論が見やすくなるように，$C = (Y_{00} \cap Y_{01}) \cup (Y_{10} \cap Y_{11})$, $D = (Y'_{00} \cap Y'_{01}) \cup (Y'_{10} \cap Y'_{11})$ の場合を扱う (一般の場合も同じ議論)．$C \cup D$ の場合はすでに (1) の形である．$B = C \cap D$ の場合は，分配法則により，

$$C \cap D = \bigcup_{(i,j) \in \{0,1\}^2} (Y_{i0} \cap Y_{i1} \cap Y'_{j0} \cap Y'_{j1})$$

となり，再び (1) の形となる．$B = C^c$ の場合は，ド・モルガンの法則より，

$B = (Y_{00}^c \cup Y_{01}^c) \cap (Y_{10}^c \cup Y_{11}^c)$ となる．これに分配法則を使えば，

$$B = \bigcup_{(i,j)\in\{0,1\}^2} (Y_{0i}^c \cap Y_{1j}^c)$$

となる．$Y \in \mathfrak{Y}$ のとき，Y^c も $\mathfrak{Y}$ に属するので，B が (1) の形となることがわかる． □

注意 1.1 (1) の形の標準形を和積標準形 (あるいは ∪∩-標準形) という．(2) の形の標準形を積和標準形 (あるいは ∩∪-標準形) という．

1.3 同値関係

「関係」という概念は集合を用いて表現できる．例を使って説明する．

例 1.5 実数の集合 $\mathbb{R}$ 上の大小関係 $<$ に対して，$\mathbb{R}^2$ の部分集合

$$O = \{(a,b) \in \mathbb{R}^2 : a < b\}$$

が対応する．逆に上の集合 $O \subset \mathbb{R}^2$ が与えられれば，大小関係 $a < b$ を「$a < b \iff (a,b) \in O$」で定義できる[1]．

このことをもとに 2 項関係という概念を集合を用いて以下のように定義する．

定義 1.1（2 項関係） $X \neq \varnothing$ とする．X 上の 2 項関係 R とは X^2 の部分集合のことである．$(x,y) \in R$ のとき，xRy と書くことがある．

より一般に，集合 X 上の n 項関係も X^n の部分集合として定義できる．このように部分集合を用いて関係を定義することは，やがて構造の概念を定義するときに役立つ．

[1] $\iff$ は同等なこと (必要十分) を意味する．同値という表現をされることも多いが，以下で出てくる同値関係と区別するために，同等という言葉を本書では用いる．

例 1.6

(1) $\varnothing \subset X^2$ なので，$R = \varnothing$ は 2 項関係である．この場合，任意の 2 点は R の意味で無関係になる．

(2) $R = X^2$ 自体も X 上の 2 項関係である．このとき，X の任意の 2 点は R の意味で関係がある．

2 項関係の中で特に重要なものが「同値関係」とよばれる関係である．

定義 1.2（同値関係） X 上の 2 項関係 E が (X 上の) 同値関係であるとは，次の条件が満たされることである．すなわち，すべての $x, y, z \in X$ に対して，

(1) (反射性)　xEx.

(2) (対称性)　$xEy \Rightarrow yEx$.

(3) (推移性)　$xEy, yEz \Rightarrow xEz$.

ただし，$\Rightarrow$ は日本語の「ならば」の省略である．

例 1.7

(1) X 上の等号関係 $\Delta = \{(x, y) \in X^2 : x = y\}$ は同値関係である．

(2) $\mathbb{Z}$ 上の 2 項関係 E を「$mEn \iff m - n$ が 3 の倍数」で定義する．このとき，E は同値関係である．

定義 1.3（同値類） E を X 上の同値関係とする．$x \in X$ に対して，集合

$$\{y \in X : xEy\}$$

を (E に関して) x の属する同値類とよび，$[x]_E$，x/E などで表す．同値類に属する元はその同値類の代表元とよばれる．同値類の全体 $\{[x]_E : x \in X\}$ を X/E と書く．E が明らかな場合は，$[x]_E$ の代わりに，$[x]$ と書くこともある．

例 1.8

(1) $\mathbb{Z}$ 上の 2 項関係を「$a \sim b \iff a - b$ が偶数」で定義する．$\sim$ は同値関係になる．このとき $[1]_\sim$ は奇数全体の集合になる．3 は $[1]_\sim$ の代表元の一つである．

(2)「$a \approx b \iff a - b$ が奇数」と定義すると，$\approx$ は同値関係ではない．

例 1.9　複素数の集合 $\mathbb{C}$ において，2 項関係を $x \sim y \iff |x| = |y|$ で定義する．このとき，$\sim$ は同値関係である．また $[1]_\sim$ は絶対値が 1 の複素数全体 (複素平面の単位円) である．

例題 1.2　E を X 上の同値関係とするとき，$x, y \in X$ に対して，次の同等性を示せ．

$$[x]_E = [y]_E \iff xEy.$$

解　($\Rightarrow$): $[x]_E = [y]_E$ とする．$x \in [x]_E$ (反射性) なので，$x \in [y]_E$ である．よって，yEx を得る．よって，対称性から xEy である．

($\Leftarrow$): 次に xEy を仮定する．このとき，$z \in [x]_E \iff xEz \iff yEz \iff z \in [y]_E$ を得る (2 番目の $\iff$ は xEy と対称性および推移性による)．よって，集合として $[x]_E = [y]_E$ を得る．　□

注意 1.2　X 上の同値関係 E が与えられたとき，X/E は X の分割を与える．すなわち，X/E に属する集合は X の (空でない) 部分集合であり，互いに共通部分がなく，X 全体を覆っている．

1.4 順　序

順序も重要な 2 項関係である．最初に擬順序から定義する．

定義 1.4 (擬順序)　A 上の 2 項関係 $\preceq$ が擬順序であるとは，すべての $a, b, c \in A$ に対して

(1) (反射性)　$a \preceq a$,

(2) (推移性)　$a \preceq b,\ b \preceq c \Rightarrow a \preceq c$

が成立することである．

例 1.10

(1) ある中学校のクラス A において，生徒を数学の点数によって並べる．「$a \preceq b \iff a$ の点数は b の点数以下」という関係を考える．このとき，$\preceq$ は擬順序になる．

(2) $\mathbb{R}[X]$ ($\mathbb{R}$ 係数多項式全体) に対して，「$f(X) \preceq g(X) \iff f(X)$ の次数は $g(X)$ の次数以下」で定める．これは擬順序になる．

例題 1.3　$\preceq$ を A 上の擬順序とする．$a \preceq b \preceq a$ のとき，必ず $a = b$ が成立するか．

解　必ずしも成立しない．上の中学校の数学の点数による擬順序を考える．a と b が同じ点数のときは，$a \preceq b \preceq a$ であるが，同じ点数だからといって，同一人物とは限らない．　□

定義 1.5（順序）　A 上の擬順序 $\preceq$ がさらに次の条件を満足するとき，A 上の順序とよばれる．

(3) $a \preceq b,\ b \preceq a \Rightarrow a = b$.

また集合 A と順序 $\preceq$ の組 $(A, \preceq)$ は順序集合とよばれる．

例題 1.4

(1) $A = \mathfrak{P}(X)$ 上の包含関係 $\subset$ は順序になることを示せ．

(2) $A = \mathfrak{P}(\mathbb{N})$ 上に関係「$B \leq C \iff B \setminus C$ は有限集合」を考える．$\leq$ は擬順序となることを示せ．これは順序になるか．

解　(1) 反射性と推移性が成り立つので，擬順序である．さらに

$$X \subset Y \subset X$$

のとき，$X = Y$ となることから，順序になることがわかる．

(2) 反射性は明らかである．推移性は「有限集合と有限集合の和が有限集合になる」ことから成立する．よって擬順序である．しかし，異なる二つの集合 $\{0\}$ と $\varnothing$ が $\{0\} \preceq \varnothing \preceq \{0\}$ を満たすので，順序ではない．　□

補題 1.2　$\preceq$ を A 上の擬順序とする．A 上の2項関係 $\sim$ を

$$a \sim b \iff (a \preceq b \text{ かつ } b \preceq a)$$

で入れる．このとき，$\sim$ は同値関係になる．

証明　反射性，対称性，推移性を調べればよい．$\sim$ の反射性は $\preceq$ の反射性から従う．$\sim$ の対称性は $\sim$ の定義の対称性による．$\sim$ の推移性は

$$a \sim b \sim c \Rightarrow a \preceq b \preceq c,\ b \preceq c \preceq a$$
$$\Rightarrow a \preceq c,\ c \preceq a$$
$$\Rightarrow a \sim c$$

からわかる. □

擬順序から自然に順序を作ることができる.

定理 1.1　$\preceq$ を A 上の擬順序として, 同値関係 $\sim$ を補題 1.2 に従って入れる. a の同値類を $[a]$ と表し, 同値類の全体 $A/\sim = \{[a] : a \in A\}$ に対して, 2 項関係 $\preceq^*$ を

$$[a] \preceq^* [b] \iff a \preceq b$$

で定義する. このとき, $\preceq^*$ は $A/\sim$ 上の順序になる.

証明　最初に $\preceq^*$ が整合的に定義されていることを示す必要がある. それは, 同値類 $[a]$, $[b]$ に関しての定義 $\preceq^*$ を右辺で与えているが, 右辺は同値類に対する条件でなく, その代表元 a, b の条件として定義されているからである. 代表元の取り方によらない定義であることを示さなくてはならない.

(整合的定義)　$a' \sim a$, $b' \sim b$, $a \preceq b$ とする. このとき, $a' \preceq a \preceq b \preceq b'$ なので, $\preceq$ の推移性より $a' \preceq b'$ を得る.

(順序であること)　順序の 3 条件を調べればよい. 擬順序になることの証明は省略する. $[a] \preceq^* [b] \preceq^* [a]$ とする. このとき, $\preceq^*$ の定義から, $a \preceq b \preceq a$ である. $\sim$ の定義から $a \sim b$ となる. よって $[a] = [b]$ を得る. □

順序は 1 列に並んでいることを意味していない. 1 列に並んだ順序は全順序とよばれる.

1.5 関　数

関数の概念は既知とする. F が集合 A から B への関数のとき,

$$F : A \to B$$

と書く．A を F の定義域とよび，通常 $\mathrm{dom}\, F$ で表す．集合 $\{b \in B : b = F(a)\ (\exists a \in A)\}$ を F の値域とよび，$\mathrm{ran}\, F$ と書く．(すなわち，$\mathrm{ran}\, F = \{F(a) : a \in A\}$.) 関数 $F : A \to B$ によって，$a \in A$ が $b \in B$ に移る ($F(a) = b$) とき，

$$F : a \mapsto b$$

と書く．関数も関係の一つと考えることができる．この場合 n 変数関数は $(n+1)$ 項関係となる．関数 $F : A \to B$ に対して，次の定義は基本的である．

(1) F が全射 $\Leftrightarrow \mathrm{ran}\, F = B$.

(2) F が単射 $\Leftrightarrow$「$x \neq x' \Rightarrow F(x) \neq F(x')\ (\forall x, x' \in A)$」.

(3) F が全単射 $\Leftrightarrow$ F が全射でかつ単射.

(4) $A_0 \subset A$ が与えられたとき，F の定義域を A_0 に制限した関数が考えられる．この関数を $F|A_0$ と書く．

例 1.11　n 変数関数は $(n+1)$ 項関係の一種と見ることができる．たとえば，$\mathbb{R}$ 上の 1 変数関数 $f(x)$ は，その平面上のグラフ

$$\{(x, y) : y = f(x)\}$$

と同一視すると，2 項関係となる．このように，関数を関係 (よって集合) と見ると，$F|A_0 \subset F$ である．

補題 1.3（部屋割論法）　$F : A \to B$ において，A が無限集合で，B が有限集合とする．このとき，無限集合 $A_0 \subset A$ が存在して，$F|A_0$ の値域は 1 点集合となる．

証明　$B = \{b_0, \ldots, b_n\}$ とする．各 b_i に対して，$X_i = \{a \in A : F(a) = b_i\}$ とする．このとき，$X_0 \cup X_1 \cup \cdots \cup X_n = A$ である．A は無限なので，いずれかの X_i は無限になる．そのような X_i を A_0 とする．また $a \in A_0$ に対し

て，$F(a) = b_i$ なので，$F|A_0$ の値域は 1 点集合 $\{b_i\}$ である． □

1.6 濃　度

集合 A の大きさを A の濃度といい，$|A|$ で表す．有限集合の場合は，たとえば $|\varnothing| = 0$, $|\{0,1,2\}| = 3$ である．無限集合に対しても濃度を考えたい．そのため，二つの集合 A と B の濃度が等しい ($|A| = |B|$) とは，A から B への全単射関数 F が存在することと定義する．また A から B へ全射が存在するとき，A の濃度が B の濃度以上である ($|A| \geq |B|$, $|B| \leq |A|$) ということにする．

例 1.12

(1) $|\mathbb{N}| = |\mathbb{Z}|$ である．$F : \mathbb{N} \to \mathbb{Z}$ を

$$F(2n) = n, \quad F(2n+1) = -n-1$$

と定めれば F は $\mathbb{N}$ と $\mathbb{Z}$ の間の全単射を与える．したがって $\mathbb{N}$ と $\mathbb{Z}$ は同じ濃度である．別の言い方をすると，集合 $\mathbb{Z}$ の元は自然数 $\mathbb{N}$ で番号づけできる．このことをもとに，$\mathbb{Z}$ は可算である (あるいは可付番である) といわれる．

(2) $\mathbb{Q}$ も可算である．$\mathbb{Q}$ の元を 1 列に並べて，自然数で番号づけできることを示せばよい．$\mathbb{Q}$ の元を分数で表すとき，分母と分子がともに 10 以下のものは有限個なので 1 列に並べられる．その後に分母と分子がともに 10^2 以下のものを 1 列に並べる．以下同様に，分母分子が 10^3 以下のもの，10^4 以下のもの，$\ldots$ を順に並べてゆく．このときすべての有理数はどこかに現れるので，結局 $\mathbb{Q}$ を 1 列に並べて自然数で番号づけできたことになる．

$\mathbb{R}$ は可算でないことが知られている．それを示す議論の仕方が対角線論法とよばれるものである．

例 1.13　$\mathbb{R}$ は可算でない．これを背理法で示す．もし可算であれば

$$\mathbb{R} = \{r_0, r_1, r_2, \ldots\}$$

のように1列に並べて自然数で番号づけできる．r_i たちを10進展開しておく．いま r_i の小数第 i 位の数を s_i とする．このとき，t_i $(0 < t_i < 9)$ を s_i と異なる自然数として選び，t_i たちを小数第 i 位に並べてできる数を $t \in \mathbb{R}$ とする．

$$t = \sum_{i=1,2,\ldots} \frac{t_i}{10^i} = 0.t_1t_2t_3\cdots.$$

このとき，t はいずれの r_i とも，小数第 i の数が異なる．よって t はどの r_i とも一致しない．これは $\mathbb{R} = \{r_0, r_1, r_2, \ldots\}$ に反する．

上の例から $\mathbb{R}$ は $\mathbb{N}$ よりも真に大きな濃度を持つ集合になることがわかる．このような集合は非可算集合とよばれる．同様に $\mathbb{C}$ も非可算集合であるが，$\mathbb{C}$ と $\mathbb{R}$ は同じ濃度を持つ．このことは，関数

$$(a, b) \in \mathbb{R}^2 \mapsto a + b\sqrt{-1} \in \mathbb{C}$$

が $\mathbb{R}^2$ と $\mathbb{C}$ の間の全単射を与えること，および次の事実による．

- A が無限集合のとき，$A^2, A^3, \ldots$ はすべて A と同じ濃度を持つ．
- A が無限集合のとき，A の元の有限列全体の集合は A と同じ濃度を持つ．

例題 1.5　集合 A の濃度よりもそのべき集合 $\mathfrak{P}(A)$ の濃度が真に大きいことを示せ．

解　そうでなければ，A から $\mathfrak{P}(A)$ への全射 F が存在する．集合 $X \in \mathfrak{P}(A)$ を

$$X = \{a \in A : a \notin F(a)\}$$

で定義する．F が全射なので，$X = F(b)$ となる $b \in A$ が存在する．最初に $b \in X$ とする．このとき，X の定義より，$b \notin F(b) = X$ となり不合理である．次に $b \notin X$ とする．このときも，X の定義から，$b \in F(b) = X$ なので，矛盾を得る．いずれにせよ矛盾を得た．したがって，$|A| < |\mathfrak{P}(A)|$ でなければならない．(この議論も対角線論法とよばれる．)　□

1.7 ツォルンの補題

集合 A が与えられているとする．P を A の部分集合に対する性質とする．性質 P が次の条件 (*) を持つときが重要となる．

(*) $\mathfrak{X} \subset \mathfrak{P}(A)$ が包含関係に関して 1 列に並んでいて (すなわち全順序で並んでいて)，さらにすべての $X \in \mathfrak{X}$ が性質 P を持っているとする．このとき $\bigcup_{X\in\mathfrak{X}} X$ も性質 P を持つ．

例 1.14

(1) V をベクトル空間として，「$X \subset V$ が一次独立である」という性質を P とする．このとき P は条件 (*) を満たす．

(2) R を 1 を持つ環とする．このとき「$X \subset R$ は 1 を含まないイデアルである」という性質を P とする．このとき，P は条件 (*) を満たす．

次の補題は非常に重要である．証明については，たとえば参考文献 [12] を参照されたい．

補題 1.4（ツォルンの補題） A の部分集合に関する性質 P が条件 (*) を満たすとする．性質 P を満たす $X \subset A$ が一つでも存在すれば，P を満たす集合 X の中で包含関係に関して極大[2]なものが存在する．

A の部分集合に関する性質 P が以下を満たすとき，有限的な性質とよぶことにする．

(**) X が P を満たす $\Longleftrightarrow$ X の任意の有限部分集合 X_0 が P を満たす．

このとき，有限的な性質 P が (*) を満たすことは容易にわかる[3]．したがっ

[2]極大という概念は最大という概念とは異なる．ある集合 X が極大であるとは，一番大きいという意味ではなくて，その集合 X よりも大きな集合が存在しないという意味である．X と大小関係が比較できない集合は存在する可能性がある．

[3]$X_i \subset A\,(i \in I)$ が包含関係に関して 1 列に並んでいて，すべて性質 P を持っているとする．このとき，$\bigcup_{i\in I} X_i$ も性質 P を持っていることを示せばよい．しかし P が有限的な性質なの

て，ツォルンの補題から次が得られる．

補題 1.5（ツォルンの補題 (弱い形)） A の部分集合に関する性質 P が有限的な性質だとする．性質 P を満たす $X \subset A$ が一つでも存在すれば，そのような集合 X の中で包含関係に関して極大なものが存在する．

注意 1.3 ベクトル空間 $V\ (\neq \{\vec{0}\})$ に対する基底の存在定理を示すことを考える．零ベクトルでない $\vec{v}_0 \in V$ を任意に選ぶ．$\vec{v}_0$ で張られる部分空間を V_0 とする．$V_0 = V$ ならば $\vec{v}_0$ が V の基底になる．そうでなければ，$\vec{v}_1 \in V \setminus V_0$ が存在する．V_1 を $\vec{v}_0, \vec{v}_1$ で張られる部分空間とする．$V_1 = V$ ならば，$\vec{v}_0, \vec{v}_1$ が基底である．そうでなければ，$\vec{v}_2 \in V \setminus V_1$ が存在する．V_2 を $\vec{v}_0, \vec{v}_1, \vec{v}_2$ で張られる部分空間とする．以下同様に続ければいつかは $V_n = V$ となるだろう．このとき

$$\vec{v}_0, \vec{v}_1, \ldots, \vec{v}_n$$

が基底になるはずである．この議論は (ベクトル空間が有限生成でない限り) 誤りである．それは，任意の $n \in \mathbb{N}$ に対して，$V_n \neq V$ の可能性があるからである．その場合は $V_\omega = \{\vec{v}_n : n \in \mathbb{N}\}$ を考えて，$V_\omega = V$ の場合とそうでない場合に分けて，さらに続けて議論を進める必要があり，いつまで続けたらよいのかという問題が生じる．これを回避するための一つの手段としてツォルンの補題がある．ツォルンの補題は，かなり弱い集合論の仮定のもとで，選択公理と同等になることが知られている．

第1章の演習問題

1.1 $\varnothing \subset A$ を示せ．

1.2 有限集合 A の元の個数が n のとき，A^2 の元の個数を求めよ．

1.3 $A \times \varnothing = \varnothing$ を示せ．

で，$\bigcup_{i \in I} X_i$ の任意の有限部分集合 Y が P を持つことを示せばよい．然るに，Y が有限なので，$Y \subset X_i$ なる X_i が見つかり，この X_i が P を持つことと，P が有限的なことにより，Y は P を持つ．

1.4　$A \subset X, B \subset Y$ ならば $A \times B \subset X \times Y$ を示せ．

1.5　上の逆は必ずしも成立しないことを示せ．

1.6　$A + B = (A \setminus B) \cup (B \setminus A)$ と定義する．このとき，

(1) $A + B = B + A$, $A + \varnothing = A$, $A + A = \varnothing$ を示せ．

(2) $A + (B + C) = (A + B) + C$ を示せ．

1.7　$A = \{0, 1, 2, 3\}$ として，2 項関係 E を

$$E = \{(0,0), (1,1), (2,2), (3,3), (0,1), (1,0)\}$$

とする．

(1) E は A 上の同値関係になることを示せ．

(2) A/E を具体的に求めよ．

1.8　$f : \mathbb{N} \to \mathbb{N}$ を関数とする．$\mathbb{N}$ 上の関係 $a \sim b$ を $f(a) = f(b)$ で定義する．このとき，$\sim$ が $\mathbb{N}$ 上の同値関係になることを示せ．

1.9　$E, F \subset A^2$ を A 上の同値関係とする．$G = E \cap F$ も A 上の同値関係になることを示せ．

1.10　X を元の個数が n の有限集合として，E を X 上の同値関係とする．集合 X/E の元の個数が n 個未満ならば，いずれかの同値類 $[x]_E$ は元が 2 個以上あることを示せ．

1.11　$X = \mathbb{R}^2 \setminus \{(0,0)\}$ とする (すなわち $\vec{0}$ でない平面ベクトル全体)．X 上の 2 項関係 $\sim$ を

$$\vec{x} \sim \vec{y} \iff (\exists \lambda \neq 0)(\vec{x} = \lambda \vec{y})$$

で定義する．$\sim$ が同値関係になることを示せ．

第2章

命題論理

論理とはどんな状況でも成立する正しい考え方や理由づけの仕方のことである．どんな状況でも成立するとはどういう意味なのか．それを考えるための最初のステップとして，命題論理を扱う．

命題論理では，もとになる最小単位は命題を表すことを意図した変数である．たとえば変数 X は一つの命題を表していると考える．「X は正しい命題か？」と聞かれても，それは状況による，X が何を表しているかに依存する，という答えしかできない．しかし，「X であるか X でないかどちらかである」という命題は X がどんな命題を意図していても，正しい命題となる．このような命題をトートロジー (恒真命題) とよぶ．

以上の話を正確に述べてゆこう．

2.1　命題論理の論理式

$X, Y, Z, \ldots$ を命題変数として用意する．命題変数が最小単位となり，これらから論理記号[1] $\wedge$, $\vee$, $\rightarrow$, $\neg$ を用いて，より複雑な命題を構成してゆく．このように構成される形式的な命題が命題論理の論理式である．より正確には次のようになる．

定義 2.1　命題論理の論理式は，次のように定義される．

(1) 命題変数 $X, Y, Z, \ldots$ はどれも命題論理の論理式である．

[1] 命題と命題を接続する接続詞のようなもの．$\wedge$ は「かつ」，$\vee$ は「または」，$\rightarrow$ は「ならば」，$\neg$ は「$\cdots$ でない」を意図しようとしているが，現段階では単なる記号として見てよい．

(2) A, B が命題論理の論理式のとき，

$$\neg(A),\ (A)\wedge(B),\ (A)\vee(B),\ (A)\to(B)$$

は命題論理の論理式である．

(3) (1) と (2) の繰り返しで命題論理の論理式とわかるものだけが命題論理の論理式である．

注意 2.1　上のような定義を帰納的な定義という．通常は条件 (3) は省略される．今後は帰納的な定義において (3) の部分は省略してゆく．

例 2.1　X, Y, Z は命題変数なので，条件 (1) により，これらは命題論理の論理式である．条件 (2) を使えば $(X)\to(Y)$ と $\neg(Z)$ が命題論理の論理式になることがわかる．さらにもう一度条件 (2) を使うと $((X)\to(Y))\wedge(\neg(Z))$ が命題論理の論理式になることがわかる．

注意 2.2　帰納的定義 (定義 2.1) は，別の表現を用いると次のように書けるので，実際に帰納法で定義していることがわかる．

集合 $\mathfrak{X}_n$ $(n\in\mathbb{N})$ を以下のように定義する．

(1) $\mathfrak{X}_0=\{X,Y,Z,\ldots\}$;

(2) $\mathfrak{X}_{n+1}=\mathfrak{X}_n\cup\{\neg(A),(A)\wedge(B),\ (A)\vee(B),(A)\to(B) : A,B\in\mathfrak{X}_n\}$ $(n\in\mathbb{N})$.

このとき，$\bigcup_{n\in\mathbb{N}}\mathfrak{X}_n$ に属する記号列を命題論理の論理式という．

このように定義すると，$\mathfrak{X}_n$ は論理記号が n 個以下の命題論理の論理式全体を定義していることになる．

例題 2.1　次の記号列が命題論理の論理式になることを確かめよ．

(1) $(X)\vee(Y)$.

(2) $((X)\vee(Y))\wedge(Z)$.

(3) $\neg(((X)\vee(Y))\wedge(Z))$.

解　(1) X, Y は命題変数である．定義 2.1 (1) により，それらは命題論理の論理式となる．次に定義 2.1 (2) により，$(X)\vee(Y)$ が命題論理の論理式となることがわかる．

(2) (1) により，$(X) \vee (Y)$ が命題論理の論理式である．また Z も命題論理の論理式である．したがって，定義 2.1 (2) により，$((X) \vee (Y)) \wedge (Z)$ が命題論理の論理式となる．

(3) (2) により，$((X) \vee (Y)) \wedge (Z)$ が命題論理の論理式である．したがって，定義 2.1 (2) により，$\neg(((X) \vee (Y)) \wedge (Z))$ が命題論理の論理式となる． □

注意 2.3

(1) 命題論理の論理式の構成において括弧 (,) は，どのようにしてその式ができあがったかを知るために必要である．もし括弧がないと，$X \vee Y \wedge Z$ は $X \vee Y$ と Z に対して $\wedge$ を使って得られたものか，X と $Y \wedge Z$ の間に $\vee$ を用いて得られたのかの判断ができなくなってしまう．しかし，一番内側の括弧は省略しても構成を辿ることができるので，それは省略してもよい．これ以外でも括弧を省略しても判読できると思われる場合は適宜省略を行う[2]．

(2) 与えられた記号列 (命題変数と論理記号が有限個並んだもの) が命題論理の論理式であるか否かは機械的に判断できる．それは，その記号列がどのように構成されたかを辿り，最終的に一番小さい単位である命題変数に辿りつけるかどうかを判断すればよいからである．

例 2.2 $((X) \vee (Y)) \wedge (\wedge(Z))$ が命題論理の論理式でないことは次のように示される．$((X) \vee (Y)) \wedge (\wedge(Z))$ が命題論理の論理式であるためには，その一歩手前の $(X) \vee (Y)$ と $\wedge(Z)$ が命題論理の論理式でなければならない．しかし $\wedge(Z)$ は命題論理の論理式ではない．それは命題変数以外の命題論理の論理式は一番左の記号が左括弧であるか $\neg$ でなければならないからである．

命題論理の論理式 A の中に現れる命題変数が $X_1, \ldots, X_m$ に含まれるときに，$A(X_1, \ldots, X_m)$ と書くことにする．

命題 2.1 $A(X_1, \ldots, X_m)$ を命題論理の論理式とする．また $B_1(Y_1, \ldots,$

---

[2]たとえば $((X) \wedge (Y)) \to (Z)$ は $X \wedge Y \ \to \ Z$ のように記号前後の間隔を調整することにより，$X \wedge Y$ と Z に対して $\to$ を用いて構成したことを表現することもある．機械には判読しづらいかも知れないが，人間にはわかりやすいと思われる場合は，そのような表記も使う．

$Y_n), \ldots, B_m(Y_1, \ldots, Y_n)$ も命題論理の論理式とする．このとき，A の中の命題変数 X_i を B_i $(i = 1, \ldots, m)$ で同時に置き換えてできる記号列 $A(B_1, \ldots, B_m)$ は (命題変数が $Y_1, \ldots, Y_m$ の中にある) 命題論理の論理式となる．

証明 A の中に現れる論理記号の数 k に関する帰納法で示す．$k = 0$ のとき，A は命題変数自身である．よってその命題変数を命題論理の論理式 B で置き換えれば，それは B になる．したがって $k = 0$ の場合は自明に成立する．k まで成立するとする．$k+1$ の場合，A はたとえば $(A_1) \wedge (A_2)$ の形をしている．論理記号の数は，一番最後についた $\wedge$ の分を考えると，A_1 および A_2 の中では k 個以下になっている．よって帰納法の仮定から $A_1(B_1, \ldots, B_m)$ および $A_2(B_1, \ldots, B_m)$ は論理式になる．よって $(A_1(B_1, \ldots, B_m)) \wedge (A_2(B_1, \ldots, B_m))$ は命題論理の論理式である．□

2.2 真理値表と真理値割り当て

命題論理の論理式 A が与えられたとする．いま A の中の命題変数は X, $Y, \ldots$ として，各変数に真理値——真 (値 1) または偽 (値 0) が与えられたとき，A に対して真理値をつけることを考える．論理記号 $\wedge$ は「かつ (and)」，$\vee$ は「または (or)」，$\neg$ は「否定 (not)」，$\rightarrow$ は「ならば (if...then...)」の意味となるように定義するためには，次のように定めるのが妥当である．たとえば $X \wedge Y$ に対しては，

$$X \wedge Y \text{ の真理値} = \begin{cases} 1 & (X \text{ の真理値} = 1 \text{ かつ } Y \text{ の真理値} = 1) \\ 0 & (\text{それ以外}) \end{cases}$$

真理値の割り当てとそのときの値を表で書くと，次のようになる．$X \wedge Y$ の値を記号 $\wedge$ の下に書いてある．

X	$\wedge$	Y
0	0	0
0	0	1
1	0	0
1	1	1

上の表を $\wedge$ の真理値表とよぶ．同様に $\vee$, $\neg$, $\rightarrow$ の真理値表は次のようになる．

X	$\vee$	Y
0	0	0
0	1	1
1	1	0
1	1	1

$\neg$	X
1	0
0	1

X	$\rightarrow$	Y
0	1	0
0	1	1
1	0	0
1	1	1

注意 2.4　「ならば」$(X \rightarrow Y)$ の真理値表は注意が必要かも知れない．前提部分 X が成り立たないときは，Y の値にかかわらず全体の値は 1 となっている．次の例からそのように定める妥当性を理解してほしい．

(1) $1 = 2$ (誤った事柄) を仮定すると，どんなことでも示される．たとえば $0 = 3$ も得られる——$1 = 2$ の両辺を 3 倍すると，$3 = 6$ を得る．この両辺から 3 を減じると，$0 = 3$ が得られる．

(2)「お手伝いしたならば小遣いをあげる」と母親にいわれたとする．お手伝いしなかった子供は，小遣いをもらえなかったとしても，文句をいわない．それは仮定の条件「お手伝いした」が満足されないので，全体としては母親の発言は正しい (嘘はつかれていない) と思っているからである．

(3)「$x = 1$ ならば $x^2 = 1$」は正しい．x は変数なので，何でもよいはずである．特に x が 2 の場合を考えれば，「$2 = 1$ ならば $4 = 1$」も正しくなければならない．

命題論理の論理式 A は命題変数から論理記号を有限回使って構成されていることに注意する．命題変数の真理値が決まれば，上の表をもとに順番に計算してゆくと，A 自体の真理値が決まる．

真理値表で表現すると以下の例のようになる．

例 2.3　$(X \wedge Y) \to Z$ の真理値表．

$(X$	$\wedge$	$Y)$	$\to$	Z
0	0	0	1	0
0	0	0	1	1
0	0	1	1	0
0	0	1	1	1
1	0	0	1	0
1	0	0	1	1
1	1	1	0	0
1	1	1	1	1

最終的な値は論理記号 $\to$ の下に書かれている．

以上のことをより正確に表現すると次のようになる．

定義 2.2（真理値割り当て）　V を命題変数の集合とする．

(1) 関数 $v : V \to \{0,1\}$ を V に対する真理値割り当てという．

(2) 真理値割り当て $v : V \to \{0,1\}$ が与えられたとき，V から作られた命題論理の論理式 A に対して，$v(A)$ を帰納的に定義する．

　(a) A が命題変数 X のときは $v(A)$ はすでに決まっている $(v(A) = v(X))$．

　(b) A が論理記号を持つとき，最後に付け加わった論理記号により分類する．

- $v(B \wedge C) = \begin{cases} 1 & (v(B) = v(C) = 1) \\ 0 & (\text{それ以外}) \end{cases}$

- $v(B \vee C) = \begin{cases} 0 & (v(B) = v(C) = 0) \\ 1 & (\text{それ以外}) \end{cases}$

- $v(B \to C) = \begin{cases} 0 & (v(B)=1,\ v(C)=0) \\ 1 & (\text{それ以外}) \end{cases}$

- $v(\neg B) = \begin{cases} 0 & (v(B)=1) \\ 1 & (v(B)=0) \end{cases}$

注意 2.5　v_1, v_2 を真理値割り当てとする．A に現れる命題変数に対して v_1 と v_2 の値が同じであれば，それ以外で異なる値をとっても，$v_1(A) = v_2(A)$ である．

2.3　トートロジー

定義 2.3（トートロジー）　命題変数 $X, Y, \ldots$ の真偽の定め方 (真理値の割り当て v) によらず，命題論理の論理式 A の真理値が常に真 $(v(A) = 1)$ になるとき，A をトートロジーあるいは恒真命題とよぶ．

例 2.4　$X \vee (\neg X)$ および $(X \to (\neg Y)) \to (Y \to (\neg X))$ はトートロジーである．

例題 2.2　$(\neg(\neg X)) \to (X)$ がトートロジーになることを表を書いて示せ．

解　真理値表は

$(\neg$	$(\neg$	$X))$	$\to$	(X)
0	1	0	1	0
1	0	1	1	1

となる．X の定め方によらず，全体としての値 ($\to$ の下にある) は常に 1 になっている．したがって，$(\neg(\neg X)) \to (X)$ はトートロジーである．　□

注意 2.6　トートロジーは，命題変数部分の真偽によらず，全体としては正しいと判断できるものである．命題変数に真偽を定めることは，状況設定をすることだと考えると，トートロジーはどんな状況にあろうとも成立する命題

(の骨格) だと考えることができる．したがって，そのトートロジーに現れる命題変数の部分に，どんな数学的命題 (正しかろうが誤っていようが) を代入しても常に正しいと判断される命題になるはずである．後にこれらが述語論理における公理の一つとなる．

命題 2.2　$X_1, \ldots, X_m$ を異なる命題変数として，$A(X_1, \ldots, X_m)$ がトートロジーとする．このとき，各命題変数 X_i を命題論理の論理式 $B_i(Y_1, \ldots, Y_n)$ で置き換えた論理式 $A(B_1, \ldots, B_n)$ もトートロジーになる．

証明　$A(B_1, \ldots, B_m)$ の中の変数は $Y_1, \ldots, Y_n$ である．真理値割り当て

$$v : \{Y_1, \ldots, Y_n\} \to \{0, 1\}$$

を任意に与える[3]．$v(A(B_1, \ldots, B_n)) = 1$ を示せばよい．真理値割り当て

$$\begin{gathered} w : \{X_1, \ldots, X_m\} \to \{0, 1\}, \\ X_i \mapsto v(B_i) \end{gathered}$$

を考えると，$v(A(B_1, \ldots, B_n)) = w(A(X_1, \ldots, X_n)) = 1$ を得る．　□

例題 2.3　$(((Y \to (Z \vee W)) \to U) \wedge ((\neg(Y \to (Z \vee W))) \to U)) \to U$ がトートロジーになることを示せ．

解　$(((Y \to (Z \vee W)) \to U) \wedge ((\neg(Y \to (Z \vee W))) \to U)) \to U$ は

$$(((X) \to U) \wedge ((\neg(X)) \to U)) \to U$$

という命題論理の論理式の X に $Y \to (Z \vee W)$ を代入してできた命題論理の論理式と考えられる．$(((X) \to U) \wedge ((\neg(X)) \to U)) \to U$ の真理値表を書けば，それがトートロジーになることはわかる．したがって，上の命題 2.2 から，代入してできた命題論理の論理式もトートロジーである．　□

注意 2.7　命題変数 $X, Y, \ldots$ からできた命題論理の論理式がトートロジーであるか否かは，具体的に (あるいは機械的に) 判断できる．それは，真理値

---

[3]注意 2.5 により，$Y_1, \ldots, Y_n$ 以外の変数の真理値割り当てはどのように決めても構わないので，いまは $Y_1, \ldots, Y_n$ だけに注目する．

表を作ればよいからである.

2.4 充 足 性

引き続き $X, Y, \ldots$ を命題変数とする. $A, B, \ldots$ は命題論理の論理式である. トートロジーはどんな状況のもとでも正しいと判断できるものであった. 次に, ある状況下では正しいと判断できる命題論理の論理式について述べたい.

定義 2.4 (充足的) Γ を命題論理の論理式からなる集合とする. Γ が充足的であるとは, 命題変数の真理値を上手に定めると Γ に属するすべての論理式を真 (値 1) にできることである. $\Gamma = \{A\}$ の場合は, Γ が充足的であるという代わりに, 単に A が充足的であるという.

例 2.5

(1) $\Gamma = \{X, Y\}$ は充足的である. 実際 X の真理値 $= 1$, Y の真理値 $= 1$ とすればよい.

(2) $\Gamma = \{\neg X, Y\}$ は充足的である. X の真理値 $= 0$, Y の真理値 $= 1$ とすればよい.

(3) $\Gamma = \{X_0, \neg X_1, X_2, \neg X_3, \ldots\}$ は充足的である. 偶数番号の X_n は真理値 $= 1$ として, 奇数番号の X_n の値は 0 とすればよい.

例題 2.4 $\Gamma = \{X \vee Y, \neg X\}$ は充足的である. X, Y の真理値をどのように定めればよいか.

解 X の真理値 $= 0$, Y の真理値 $= 1$ と定めればよい. □

命題 2.3

(1) $\{A, B\}$ が充足的であることと $A \wedge B$ が充足的であることは同等である.

(2) A がトートロジーであることと $\neg A$ が充足的でないことは同等である.

証明 (1) $\{A, B\}$ が充足的とする. このとき, 命題変数への真理値 0, 1 の割り当てを適当にとれば, A の値と B の値をともに 1 にできる. このとき, $A \wedge B$ の真理値も 1 になる. 逆に $A \wedge B$ の真理値が 1 になる変数割り当てがあったとする．このとき，$A \wedge B$ の真理値の定義から A,B の値がともに 1 でなければならないことがわかる．

(2) A の中の命題変数全体を $V = \{X_1, \ldots X_n\}$ とする．

$$\begin{aligned} A\text{がトートロジー} &\iff \text{すべての}\ v : V \to \{0,1\}\ \text{で}\ v(A) = 1 \\ &\iff v(A) = 0\ \text{となる}\ v : V \to \{0,1\}\ \text{が存在しない} \\ &\iff v(\neg A) = 1\ \text{となる}\ v : V \to \{0,1\}\ \text{が存在しない} \\ &\iff \neg A\ \text{は充足的でない．} \end{aligned}$$

□

例題 2.5　Γ を充足的な集合として，A を命題論理の論理式とする．$\Gamma \cup \{A\}$ または $\Gamma \cup \{\neg A\}$ の少なくとも一方は充足的になることを示せ．

解　V を Γ と A に現れる命題変数の集合として，$v : V \to \{0,1\}$ を Γ を充足的にする変数の真理値割り当てとする．$v(A) = 1$ のときは，$\Gamma \cup \{A\}$ が充足的になる．$v(A) = 0$ のときは，$\Gamma \cup \{\neg A\}$ が充足的になる．(両方が充足的になることも当然ある．)

□

2.5　命題論理におけるコンパクト性

最後に「コンパクト性定理」について述べる．

命題 2.4　Γ を命題論理の論理式の集合とする．このとき次は同等である．

(1) Γ は充足的である．

(2) Γ の各有限部分集合 Δ は充足的である．

証明　(1) ⇒ (2) は自明である．(2) ⇒ (1) を示す．Γ の濃度には制限がないが，ここでは簡単のために Γ が可算集合の場合について証明を与える．

$$\Gamma = \{A_0, A_1, A_2, \ldots\},$$
$$\Gamma_n = \{A_i : i < n\} \quad (n = 0, 1, 2, \ldots)$$

とする．さらに Γ_n に現れる命題変数の集合を V_n とする．V_n は有限集合であり，n とともに増加する．条件 (2) の仮定から，各 n に対して Γ_n を充足的に

する (すなわち Γ_n のすべての論理式を真にする) V_n の真理値の割り当てがある．その割り当てを

$$v_n : V_n \to \{0, 1\}$$

とする．いま

$$W = \{v_n | V_m : m, n \in \mathbb{N},\ m \leq n\}$$

を考える．ただし，$v_n | V_m$ は真理値割り当て v_n の定義域を V_m に制限したものである．$w_0 = \varnothing$ とする．$n \in \mathbb{N}$ に関する帰納法により，真理値の割り当て $w_n \in W$ を以下の条件が満足されるように定義してゆく．

(a) $w_n : V_n \to \{0, 1\}$；

(b) $w_0 \subset w_1 \subset w_2 \subset \cdots$ (関数としての増加列)；

(c) $w_n \subset w$ となる $w \in W$ が無限個存在する．

w_n まで定義されたとする．条件 (c) から，$I = \{w \in W : w_n \subset w\}$ は無限集合である．一方，V_{n+1} は有限集合なので，V_{n+1} の変数に対する真理値割り当ては有限種類しかない．したがって，部屋割論法により，無限集合 $I_0 \subset I$ と $w^* : V_{n+1} \to \{0, 1\}$ を適当にとると，任意の $w \in I_0$ に対して，

$$w | V_{n+1} = w^*$$

となる．この一定の値 w^* を w_{n+1} とすれば条件 (a)-(c) を満足する．次を示せば，証明は終了する．

主張 $v = \bigcup_{n \in \mathbb{N}} w_n$ は Γ を充足的にする．

$A_m \in \Gamma$ を任意にとる．示すべきは $v(A_m) = 1$ である．いま v の定義から，$v | V_m = w_m$ である．また $w_m \in W$ なので，$w_m \subset v_n$ となる v_n $(n \geq m)$ が存在する．さらに v_n は $A_0, \ldots, A_n$ をすべて真にしている．以上から $v(A_m) = w_m(A_m) = v_n(A_m) = 1$ を得る． □

注意 2.8 命題変数の個数が非可算の場合にもコンパクト性定理は成立する．しかし上に与えた証明は，命題変数の個数が可算の場合にのみ通用する．

非可算の場合に通用する別証明を与える．

$V = \{X_i : i \in I\}$ を命題変数の集合として，F を V から作られる命題論理の論理式全体の集合とする．いま $\Gamma \subset F$ として，Γ の有限部分集合はすべて充足的だと仮定する．Γ 全体を充足的にする X_i たちの真理値割り当てを探せばよい．F の部分集合 G に対する次の条件を考える．

(†) $G \cup \Gamma$ の有限部分集合はすべて充足的である．

$G = \Gamma$ のときは，条件 (†) を満たす．また条件 (†) は明らかに有限的な性質である．したがって，ツォルンの補題（弱い形）により，$\Gamma \subset G \subset F$ なる G で，条件 (†) を満たす中で極大になっているものがある．このとき，各 $i \in I$ に対して，

$$X_i \in G \quad \text{または} \quad \neg X_i \in G$$

でなければならない．実際，X_i と $\neg X_i$ の両方が G に属さなければ，$G \cup \{X_i\}$ と $G \cup \{\neg X_i\}$ の両方が条件 (†) を満たさない (G の極大性)．よって，有限集合 $G_0 \subset G$ を選んで，$G_0 \cup \{X_i\}$ と $G_0 \cup \{\neg X_i\}$ の両方が充足的でないようにできる．これは G_0 自身が充足的でないことを意味するので，不合理である．

いま真理値割り当て $v : V \to \{0, 1\}$ を

$$v(X_i) = 1 \iff X_i \in G$$

で定義する．この v により Γ が充足的なことが以下のようにしてわかる．

$A \in G$ を任意にとる．A に含まれる命題変数は有限個で，それらを X_i $(i \in I_0)$ とする．

$$\{A\} \cup \{X_i : i \in I_0, X_i \in G\} \cup \{\neg X_i : i \in I_0, X_i \notin G\}$$

は G の有限部分集合なので，(†) により，ある w により充足的になる．このとき v と w は $\{X_i : i \in I_0\}$ 上では一致しなければならない．よって $v(A) = w(A) = 1$ を得る．

第 2 章の演習問題

2.1 $((X \to Y) \wedge ((\neg X) \to Z)) \to (Y \vee Z)$ の真理値表を書き，トートロジーになることを確かめよ．

2.2 命題論理の論理式 $X \wedge Y$ は関数 $f : \{0,1\}^2 \to \{0,1\}$ を与える．この 2 変数関数は多項式 $f(X,Y) = X \cdot Y$ で与えられる．

(1) $\neg X$ に対応する関数を多項式で表現せよ．

(2) $X \vee Y$ に対応する関数を多項式で表現せよ．

(3) $X \to Y$ に対応する関数を多項式で表現せよ．

2.3 A, B を命題論理の論理式とする．A と $(A) \to (B)$ がともにトートロジーならば B もトートロジーになることを示せ．

2.4 命題論理の論理式 A, B に対して，$(A) \to (B)$ と $(B) \to (A)$ がともにトートロジーになるとき，A と B は論理的に同値ということにする．次のそれぞれの組が論理的に同値になることを示せ．

(1) $(X \vee Y) \vee Z$ と $X \vee (Y \vee Z)$.

(2) $(X \wedge Y) \wedge Z$ と $X \wedge (Y \wedge Z)$.

(3) $(X \vee Y) \wedge Z$ と $(X \wedge Z) \vee (Y \wedge Z)$.

このことから $\vee$ だけ (あるいは $\wedge$ だけ) が使われている論理式では，(その論理式の真理値だけに興味がある場合) $X \vee Y \vee Z$ という書き方も許される．

2.5 有限個の命題変数 X_i $(i \in I)$ に対して，X_i たちをすべて $\vee$ で結んでできる命題論理の論理式を $\bigvee_{i \in I} X_i$ と略記することにする．同様に $\wedge$ で結んでできる命題論理の論理式は $\bigwedge_{i \in I} X_i$ と書く．いま J, K を有限集合として，命題変数 X_{jk} $(j \in J, k \in K)$ を用意する．

(1) $\bigwedge_{j \in J}(\bigvee_{k \in K} X_{jk})$ と $\bigvee_{f:J \to K}(\bigwedge_{j \in J} X_{jf(j)})$ が論理的に同値になることを示せ．

(2) $\bigvee_{j \in J}(\bigwedge_{k \in K} X_{jk})$ と $\bigwedge_{f:J \to K}(\bigvee_{j \in J} X_{jf(j)})$ が論理的に同値になることを示せ．

2.6 $\Gamma = \{X \wedge (\neg Y), (\neg X) \wedge Y, X \wedge Y\}$ とする．

(1) Γ に属する各々の命題論理の論理式は充足的なことを示せ．

(2) Γ の異なる2元からなる部分集合は充足的でないことを示せ.

2.7　次の2条件を満足する無限集合 $\Gamma = \{A_i : i \in \mathbb{N}\}$ を作れ.

- 各 A_i は充足的である.
- $i \neq j$ のときは $\{A_i, A_j\}$ は充足的でない.

第3章

述語論理

述語論理について解説する．いままで述べてきた命題論理においては変数は命題を表すものと考えられた．命題論理の論理式は，基本的な命題から作られた，より複雑な命題と考えられた．述語論理においては，変数は命題を表すのではなく「もの」「個体」を表すと考える．述語論理における論理式は，この「もの」たちの間の関係を記述する命題である．述語論理の論理式も命題論理の論理式と同じように帰納的に定義される．

3.1 言語，変数，論理記号

述語論理の論理式は，「もの」と「もの」の間の関係を，与えられた基本的な述語をもとに記述する形式的な命題である．この説明はあくまで感覚的な説明である．実際には記号は単なる記号であり，それらに固有の意味はないと考える．意味はその記号に期待される性質を記述することにより後から出現する．

最初にわれわれが使う記号をいくつかに分類する．

A. 言語：数学で使う記号のうち，定数記号，関数記号，述語記号[1]に注目する．これらの記号からなる集合を一つ固定して，それを言語とよぶ．

それぞれの記号は定数記号か，関数記号か，述語記号なのかは指定されているとする．また関数記号，述語記号の場合は何変数かも指定されているとす

[1]述語記号は関係記号ともいわれる．

る．言語は $L,L',\ldots$ などで表す．

例 3.1

(1) 群の言語とは集合 $\{e, *\cdot *, *^{-1}\}$ のことである．ここで，e は単位元を表現するための定数記号，$*\cdot*$ は群の演算を表現するための 2 変数の関数記号，$*^{-1}$ は逆元を対応させる操作に対応する関数記号である．($*$ はそこに何かが代入できることを意味しようとしている．)

(2) 体の言語とは集合 $\{0, 1, *+*, -*, *\cdot *, *^{-1}\}$ のことである．

(3) 順序体の言語とは集合 $\{0, 1, *+*, -*, *\cdot *, *^{-1}, *<*\}$ のことである．

上の例では，各記号はそれぞれ (ある程度) 固有の意味を持っていた．たとえば，体の言語における 0 はもちろん加法に対する単位元を表すものだという暗黙の了解がある．しかし，われわれが今後展開する議論においては，記号は単なる記号であり，それらに固有の意味はない．

B. 変数：変数の集合を一つ固定しておく．これらは，

$$x, y, z, x_0, x_1, \ldots$$

などである．これらは記号なので，それ自体に意味はないが，各変数は「もの」あるいは個体を表すという意識を持っていていただきたい (命題論理では変数が命題を表していた)．

C. 論理記号：$\neg$, $\vee$, $\wedge$, $\rightarrow$, $\forall$, $\exists$ および $=$．

論理記号 $\forall$ (全称記号), $\exists$ (存在記号) は量化記号，限量記号，量化子などとよばれる．等号 $=$ は，2 変数の述語記号と考える立場もあるが，ここでは論理記号と考える．述語記号はそれ自体が特定の意味を持たないが，論理記号はその解釈を与える段階で (やがて) 特定の意味が付与される．

これらの他に補助記号として括弧 ((,),[,] など) を用いる．

	命題論理	述語論理
言　語	-	定数記号，関数記号，述語記号
変　数	$X, Y, Z, \ldots$ 命題を表す	$x, y, z, \ldots$ 個体を表す
論理記号	$\wedge, \vee, \neg, \rightarrow$	$\wedge, \vee, \neg, \rightarrow$ および $\forall, \exists, =$

3.2 項

最初に項の概念が必要になる．項は定数記号と変数を基本的対象として，関数記号を形式的に施すことにより得られる記号列であり，「もの」を表すと考えられる．

定義 3.1（項） L を言語とする．L の項 (L-項ということもある) は次のように帰納的に定義される．

(1) 変数と L に属する定数記号はすべて L の項である．

(2) $t_1, \ldots, t_n$ がすべて L の項で，$F \in L$ が n 変数の関数記号であるならば，$F(t_1, \ldots, t_n)$ は L の項である．

例 3.2 $L = \{c, F\}$ とする．ただし，c は定数記号，F は 2 変数関数記号である．このとき，

$$x,\ c,\ F(x, c),\ F(c, c),\ F(x, F(x, c)),\ F(F(x, c), F(x, c)), \ldots$$

などは L の項の例である．変数のない項は閉項とよばれる．c, $F(c, c)$ などは閉項である．

L の項 t の中に現れる変数が $x_1, \ldots, x_n$ に含まれるとき，t を $t(x_1, \ldots, x_n)$ と書くことがある．このとき，$x_1, \ldots, x_n$ の中のすべての変数が実際に t の中に使われている必要はない．たとえば，上の例の $F(x, c)$ を t で表すとき，t は $t(x)$ と表すだけでなく，$t(x, y)$ と表してもよい．このとき，y はダミーの

変数とよばれる．

例題 3.1　$s(x_1, \ldots, x_m)$ および $t_1(y), \ldots, t_m(y)$ を L の項とする．このとき s の中の x_i たちを (すべて同時に) $t_i(y)$ で置き換えてできる記号列は L の項になることを示せ．

解　s の中に現れる関数記号の数 n に関する帰納法で証明しよう (このような帰納法を s の構成に関する帰納法という)．$n = 0$ のとき，s は定数 c または変数 x_i である．c のときは，置き換えはできなくて，$s(t_1, \ldots, t_m)$ は c のままなので L の項である．また x_i のときは $s(t_1, \ldots, t_m)$ は t_i なので，この場合も L の項である．$n+1$ の場合を考える．s は $F(s_1(x_1, \ldots, x_m), \ldots, s_k(x_1, \ldots, x_m))$ の形をしている．s の中の x_i たちを t_i たちで置き換えることは，s_j たちの中の x_i を t_i で置き換えた記号列 $s_j(t_1, \ldots, t_m)$ を作ったうえで，F を最後につけて新たな記号列を作ることと同じである．このとき帰納法の仮定から $s_j(t_1, \ldots, t_m)$ は L の項である．よって，L の項の定義の仕方から $s(t_1, \ldots, t_m)$ も L の項になる．　□

3.3 論　理　式

述語論理の論理式を定義してゆく．述語論理の論理式は与えられた言語 L と変数および論理記号によって作られる形式的な命題のことである．今後単に論理式といえば，述語論理の論理式を意味する．

定義 3.2 (原子論理式)

(1) t と s が L の項のとき，記号列 $t = s$ は L の原子論理式である．

(2) $t_1, \ldots, t_n$ がすべて L の項で，$P \in L$ が n 変数の述語記号であるならば，$P(t_1, \ldots, t_n)$ は L の原子論理式である．

原子論理式 $P(t_1, \ldots, t_n)$ は単なる記号列であるが，直観的には，$(t_1, \ldots, t_n)$ という項の組が P という性質を持つことを意味している．

例 3.3　$L = \{c, F, * < *\}$ とする．ただし，c は定数記号，F は2変数関数記号，$* < *$ は2変数述語記号である．このとき，

(1) $F(x,c)=y$,

(2) $F(x,y)<F(F(x,y),c)$

などは原子論理式の例である.

定義 3.3（論理式） L を言語とする. L-論理式は次のように帰納的に定義される.

(1) L の原子論理式は L-論理式である.

(2) φ,ψ が L-論理式で x が変数ならば,

$$\neg(\varphi),\ (\varphi)\wedge(\psi),\ (\varphi)\vee(\psi),\ (\varphi)\rightarrow(\psi),\ \forall x(\varphi),\ \exists x(\varphi)$$

はすべて L-論理式である. L を省略して単に論理式ということもある.

L-論理式 φ の中に, 変数 x が現れていて, なおかつこの x に作用している $\forall x$ または $\exists x$ があるとき, この x を束縛(された)変数という. たとえば, 論理式の中に $\forall x(\cdots)$ という部分があれば, $\cdots$ の中に含まれる x は $\forall x$ によって束縛されている. 束縛されていない変数は自由変数とよぶ. たとえば φ が $(\forall x(F(x,y)=x))\wedge(F(x,x)=z)$ のとき, $\wedge$ の前に出てくる x は $\forall x$ で束縛された変数だが, 後半の x は自由変数である. φ の中の自由変数がすべて $x_1,\ldots,x_n$ に含まれるとき, φ のことを $\varphi(x_1,\ldots,x_n)$ と書くことがある. また, このとき φ は n 変数論理式とよばれる. 直観的には自由変数は代入できる変数を意味している.

論理式 $\varphi(x)$ が与えられたとき, 自由変数 x に項 t を代入してできる論理式を $\varphi(t)$ と書く[2]. たとえば $\varphi(x)$ が $\exists y(P(x,y))$ として, t が $F(c)$ のとき, $\varphi(t)$ は論理式 $\exists y(P(F(c),y))$ のことである.

定義 3.4（閉論理式） 論理式 φ の中に自由変数がないとき, φ を閉論理式(または文)とよぶ.

今後, 論理式といえば述語論理の論理式のことを意味する. 命題論理の論理式に言及する場合はそのことを明記する.

---

[2]代入してできる記号列が再び論理式になることは, ほぼ自明であるが, 正確には φ の構成方法を辿って帰納法で証明する必要がある.

3.4 論理の公理

理論は「知識」のことであり，論理は「考え方(思考の法則)」のことであった．誤解を恐れずに，単刀直入に述べれば，理論は人によって異なるかも知れないが，(幸いにも)論理は人類共通のものである．それどころか，論理は機械(計算機)にも教えることが可能である．そのことを順次説明してゆく．

われわれの述語論理の体系(形式的な論理の体系)を構築する際に考えることは次のことである．

(1) 人間の論理の中から具体的にいくつかを選ぶ．それを論理の公理とする．
(2) 論理の公理をもとに推論を繰り返し用いて議論を行う．その推論もいくつかの具体的な規則に限る．

このように具体的なものを選ぶことにより，機械にも実行可能な体系を作ることができる．以下で論理の公理，推論規則の二つの部分を説明してゆく．

論理の公理は「考え方」のもとになる誰もが普遍的に正しい[3]と判断する「命題」のことである．推論は文字通り「考え方」(あるいは論法)であり，その中から普遍的に正しいと思われるものをいくつか規則として抜き出して，それだけを使って議論を行う体系を作り上げる．論理の公理と推論規則の取り方には，体系により自由度があり，公理が多くて推論が少ないもの，推論が多くて公理の少ないものなど各種知られている．本書で採用するわれわれの体系[4]はその中間的なものである．

---

[3]命題 $1+1=2$ は通常われわれは正しいと判断するが，これは普遍的に正しい命題ではない．正しいと思うのは 1 や 2 および + に対する知識(理論)による．われわれの形式的体系は「論理」の体系，すなわち「考え方，推論の仕方」の体系である．知識を無視し，どんな状況で考えても成り立つ命題の中から具体的に何種類かを選んで論理の公理にする．

[4]本書の論理の形式的体系はヒルベルト流とよばれる体系の一つの亜流である．日本ではゲンツェンによる LK (エルカー)とよばれる体系が有名である．

本書で採用する論理の公理には次の3種類ある.

- 命題論理に関する公理;
- 量化記号に関する公理;
- 等号に関する公理.

順にこれらについて述べてゆく. これらの公理は, 論理記号に自然な意味を与えれば(すなわち $\wedge$ を「かつ」, $\vee$ を「または」, $\neg$ を否定, $\rightarrow$ を「ならば」, $\forall$ を「すべての」, $\exists$ を「存在する」の意味と思う), 普遍的に正しい(どんな状況でも正しい)ことが確認できるように選びたい.

3.4.1 命題論理に関する公理

言語 L は一つ固定して考える. 最初に変数の種類について復習しておく. 論理式 φ に現れる変数には2種類あった. 量化記号が作用していない変数を自由変数とよび, 作用している変数を束縛変数とよんだ. φ の中の自由変数が $x, y, \ldots$ に含まれるとき φ を $\varphi(x, y, \ldots)$ と書くことがある. φ に対して $\forall x\varphi$ を作ることを, 「φ の変数 x を全称記号 $\forall$ で縛る(束縛する)」と表現する.

- 各トートロジー A において, その中に現れる命題変数 $X, Y, \ldots$ の部分を言語 L-論理式 $\varphi, \psi, \ldots$ で置き換えたものを作り, さらに自由変数をいくつか $\forall$ で束縛して[5] L-論理式を作る. すなわち次の形である.

$$\forall u_1 \forall u_2 \cdots A(\varphi, \psi, \ldots).$$

これらすべてを集めてきたものが**命題論理に関する公理**である.

例 3.4 命題論理の論理式 $X \vee (\neg X)$ はトートロジーである. また, $\forall x(x = x)$ は L-論理式なので, X をこの論理式で置き換えて得られる

$$\forall x(x = x) \vee (\neg(\forall x(x = x)))$$

は命題論理に関する公理となる. また, X の部分を $\exists x(P(x, y))$ で置き換えれば, $\exists x(P(x, y)) \vee (\neg \exists x(P(x, y)))$ が得られる. ここで自由変数 y を全称記

[5] 束縛の順番も気にすべきであり, すべての順番について公理を用意しておく. ダミー変数の束縛も許す.

号で束縛する．こうしてできた

$$\forall y[\exists x(P(x,y)) \vee (\neg \exists x(P(x,y)))]$$

は命題論理に関する公理である．

注意 3.1　トートロジーは，命題変数部分の真偽によらず，全体としては正しいと判断できるものである．したがって，そのトートロジーに現れる命題変数の部分に，どんな論理式を代入しても常に正しいと判断される論理式ができるはずである．これらを集めてきて公理としたわけである．

注意 3.2　命題変数 $X, Y, \ldots$ からできた命題論理の論理式がトートロジーであるか否かは，具体的に (あるいは機械的に) 判断できる．それは，真理値表を作ればよいからである．したがって，それらトートロジーからできた「命題論理に関する公理」に関しても，与えられた L-論理式が，「命題論理に関する公理」になるか否かは具体的に決定できる．

3.4.2　量化記号に関する公理

量化記号の公理は次の 2 種類の形の L-論理式からなる (それぞれ無限個ある)．

(1) $\forall x(\varphi \to \psi) \to (\varphi \to \forall x \psi)$
　の形をした論理式の自由変数をいくつか $\forall$ で縛ったもの．ただし，φ の中に変数 x は自由変数として現れない．

(2) $\forall x \varphi(x, y, \ldots) \to \varphi(t, y, \ldots)$
　の形の論理式の自由変数をいくつか $\forall$ で縛ったもの．ただし，t は項であり，t の中の変数は $\varphi(t, y, \ldots)$ の中で量化記号で束縛されてはならない (この条件を代入条件という)．

注意 3.3

- (1),(2) において，もちろん変数 x だけでなく変数 $y, z, \ldots$ に対して同様の形の論理式は公理に入っている．
- 存在記号 ($\exists$) に対しても，同様な公理を導入しても構わないが，本書においては(簡単のため) $\exists x$ は $\neg\forall x\neg$ の省略形と見る．すなわち $\exists x\varphi$ という論理式は $\neg(\forall x(\neg\varphi))$ の省略形のことである．

φ を成り立たせる x が存在する

という文章を，

「どんな x でも φ が成り立たない」ということはない

という文章で代用していることになる．現代数学の議論は，この意味で存在を捉えても問題ない．論理式の中に含まれる論理記号の数に関する帰納法はよく使われる議論の方法だが，このときに場合分けする数が少なくなるので，この省略形と見る方法は有効である．

注意 3.4

- (1) の閉論理式を自然に解釈する ($\to$ を「ならば」，$\forall$ を「任意の」の意味で解釈する) とき，

$$\forall x(\varphi \to \psi(x)) \to (\varphi \to \forall x\psi(x))$$

が，どんな状況でも成立する命題であることを確かめよう．もし φ が偽であれば，$\varphi \to \forall x\psi(x)$ は真になるので，命題全体はその状況で成立することになる．そこで φ は真 (成立している) としてよい．また左辺部分の仮定から x が何であれ，$\varphi \to \psi(x)$ が成り立っている．したがって $\psi(x)$ が成り立っていることになる．x は何でもよかったので，$\forall x\psi(x)$ が成り立っている．よって $\varphi \to \forall x\psi(x)$ も成り立っていることになる．したがって命題全体が成り立っている．(厳密には「健全性」として後に議論する．)

次に，変数条件「φ に x が自由変数として現れない」は重要であることを見る．変数条件を無視すると

$$\forall x(x = 1 \to x = 1) \ \to \ (x = 1 \to \forall x(x = 1))$$

も公理に入ってしまう．しかし $\to$ の左辺は直感的に正しいが，右辺は

「$x = 1$ ならば何でも (y でも z でも) 1 に等しい」ことを主張しているので正しいとは考えられない.

- (2) の直感的な意味は「どんな x に対しても成り立つならば, どんな『もの』t で置き換えても成り立つ」ということ. これはどんな状況でも正しいと思うかも知れないが, 変数の代入条件 (代入しても束縛されない) は重要である. たとえば, 論理式 $\varphi(x)$ を

$$\exists y(x = y)$$

とする. 論理式 $\forall x(\varphi(x))$ に対応する命題は明らかに普通の世界で正しいと判断される. しかし, $\varphi(x)$ の中の x に項 $y+1$ を代入してみると, $\exists y(y+1=y)$ となる. 少なくとも実数の世界ではこの論理式は成り立ちそうにない.

3.4.3　等号に関する公理

$t(u_1,\ldots,u_n)$ が変数 $u_1,\ldots,u_n$ を持つ項, $\varphi(u,u_1,\ldots,u_n)$ が自由変数 u および $u_1,\ldots,u_n$ を持つ原子論理式とする. このとき, 次の形の各論理式 (を $\forall$ で束縛したもの) が**等号の公理**である.

(1) $x = x$;

(2) $x = y \to t(x,u_1,\ldots,u_n) = t(y,u_1,\ldots,u_n)$;

(3) $x = y \to [\varphi(x,u_1,\ldots,u_n) \to \varphi(y,u_1,\ldots,u_n)]$.

論理式を自然に解釈するとき, 等号の公理がどんな状況でも成立する命題になることはほぼ明らかであろう. しかし (3) については注意が必要である.

例題 3.2　(3) の公理の形は, φ が原子論理式でない場合は, 普遍的に正しいとは限らない. 論理式 $x = y \to [\exists y(x = y+1) \to \exists y(y = y+1)]$ をもとに考えよ.

(解答例)　論理式 $x = y \to [\exists y(x = y+1) \to \exists y(y = y+1)]$ は (3) において $\varphi(u)$ が $\exists y(u = y+1)$ の場合である. $\mathbb{R}$ において考えると, $x = y$ となることはある. また $\exists y(x = y+1)$ は正しい. しかし $\exists y(y = y+1)$ となることはない. よってこの論理式は普遍的に成り立つものではない (論理の公理とし

ては採用できない).

3.5 推論規則

前節で述べた論理の公理は，自然に解釈すると，常に正しいと判断される命題である．これらを議論のもとにして，正しい推論をすることにより，いろいろな命題を証明してゆくことを考える．

この直感的な意味合いでの証明を，より厳密に述べるためには，推論とは何かについてきちんと述べる必要がある．

われわれが必要とする推論は以下の二つだけである．

(1) (単純推論) φ と $\varphi \to \psi$ から ψ を推論する；

(2) (一般化) φ から $\forall x(\varphi)$ を推論する．

単純推論は Modus Ponens という言葉の本書における訳である．Modus Ponens は MP などと省略されることがある．単純推論が正しい推論であることは了解できるであろう．

一般化について説明する．数学の議論では次のような論法がある．

(i) 命題 $\forall x \varphi(x)$ (すべての x が φ という条件を満たすこと) を証明したい．

(ii) x を任意に一つとり固定する．

(iii) x を使って議論をしてゆき，x が φ という条件を満たすことを示す．

(iv) x は任意だったので，結局 $\forall x \varphi(x)$ が示されたことになる．

上の議論の仕方は妥当なものなので，われわれは一般化の推論として採用するわけである．

論理の公理をもとにして，推論として上の二つしか許さないで証明する体系がわれわれの論理の形式的体系である．単純推論と一般化をわれわれの論理の体系の推論規則ということにする．

論理の公理はどれも普遍的に成立する正しい命題であり，二つの推論規則も普遍的に正しい考え方である．したがって，これらを有限回組み合わせて出てくる命題も普遍的に正しい命題と考えられる．

しかし重要な疑問は，普遍的に正しい命題は上の操作だけですべて得られるのか，ということである．人間が行う推論は上の二つのタイプ以外にもある．それらを使えば，もっとたくさんの命題を証明できるのではないか，という疑問が自然にわいてくる．

結論からいうと，そのようなことはない．われわれの論理の公理と推論規則で十分である．この主張が完全性定理である．

より正確な議論のために，形式的な証明の概念を定義する．日本語を用いた普通の証明と区別するために，形式的な証明は「証明」と書く．

定義 3.5（「証明」）　論理式の有限列 $\varphi_0, \ldots, \varphi_n$ は次の条件を満たすとき「証明」とよばれる．

(条件)　各 $i \leq n$ に対して，φ_i は次のいずれかを満たす．

(1) φ_i が論理の公理である．

(2) φ_i はそれより左にある φ_j から一般化によって得られる．すなわち φ_i は $\forall x(\varphi_j)$ の形 $(j < i)$ をしている．

(3) φ_i はそれより左にある φ_j と φ_k から単純推論によって得られる．すなわち，ある $k < i$ に対して φ_k は $\varphi_j \to \varphi_i$ の形 $(j < i)$ をしている．

また「証明」の最後の論理式が ψ のとき，この「証明」を「ψ の証明」といい，ψ は「証明」できるという．

われわれの「証明」はかなりぶっきらぼうな証明である．普通の数学の証明は，途中に命題や式を述べるが，その導出にはそれ以前のどの部分を使ったか (たとえば式番号など) を書くことにより，読みやすさを追求している．対して「証明」はそのような親切心は排除されている．どうやって導出されたか (どの推論規則をどの部分に使ったかなど) は各自で判断しなければならない．機械が扱うにはそれほど困難はないかも知れないが，人間には読みにくいものになっている．そこで，導出課程も含めて人間に見やすくしたものが，後述の「証明図」である．

例 3.5　φ が論理の公理のときは，φ は「証明」できる．それは長さ 1 の列

$$\varphi$$

が φ の「証明」になっているからである．公理が証明できるという意味は，公理がより基本的事実から証明できるという意味ではない．

注意 3.5　$\forall x\varphi(x)$ が「証明」できるとき，$\varphi(x)$ も「証明」できる．それは，$\forall x(\varphi(x)) \to \varphi(x)$ が論理の公理なので，これと $\forall x(\varphi(x))$ に単純推論 (MP) を使えば $\varphi(x)$ が導けるからである．特に $\forall x(\varphi(x))$ が論理の公理ならば，$\varphi(x)$ は「証明」できる．実際に次の列は $\varphi(x)$ の「証明」になっている．

$$\ldots,\ \forall x(\varphi(x)),\ \forall x(\varphi(x)) \to \varphi(x),\ \varphi(x).$$

今後の議論では，この事実は頻繁に使う．

例 3.6　言語 L の中に 1 変数述語記号 P が含まれるとする．このとき，

$$P(x) \to \exists y(P(y))$$

は以下のように「証明」される．最初に $\exists y(P(y))$ は $\neg\forall y(\neg P(y))$ の省略形であることに注意する．したがって，$P(x) \to \neg\forall y(\neg P(y))$ を「証明」すればよい．

$$\forall y(\neg P(y)) \to \neg P(x)$$

は量化記号 $\forall$ の公理である．また，命題論理の論理式 $(X \to \neg Y) \to (Y \to \neg X)$ はトートロジーである．よって，X に $\forall y(\neg P(y))$，Y に $P(x)$ を代入して得られる L-論理式

$$(\forall y(\neg P(y)) \to \neg P(x)) \to (P(x) \to \neg\forall y(\neg P(y))$$

は命題論理に関する公理である．よってこれら二つの論理式に単純推論 (MP) を適用すれば，$P(x) \to \neg\forall y(\neg P(y))$ が得られる．

以上の議論は図で書くと分かりやすい．

$$\frac{\forall y(\neg P(y)) \to \neg P(x) \quad (\forall y(\neg P(y)) \to \neg P(x)) \to (P(x) \to \neg\forall y(\neg P(y))}{P(x) \to \neg\forall y(\neg P(y))} MP$$

ここで MP は Modus Ponens による推論であることを意味している．このよ

うな図を証明図とよぶ．

注意 3.6　いわゆる三段論法は $\varphi \to \psi$ と $\psi \to \theta$ から $\varphi \to \theta$ を推論するものである．三段論法はわれわれの推論規則には入っていないが，われわれの論理の形式的体系の中でも許される推論である．それは次がいえるからである．

- 「$\varphi \to \psi$ の証明」と「$\psi \to \theta$ の証明」がともに存在するとき，「$\varphi \to \theta$ の証明」が存在する．

証明：$(\varphi \to \psi) \to [(\psi \to \theta) \to (\varphi \to \theta)]$ は命題論理に関する公理 (トートロジー) である．これと $\varphi \to \psi$ とから，単純推論 (MP) を使うと，

$$(\psi \to \theta) \to (\varphi \to \theta)$$

が「証明」される．この論理式と $\psi \to \theta$ に再び単純推論 (MP) を使えば，$\varphi \to \theta$ が「証明」される．証明図を用いると上の議論は以下のように図式化される．

$$\cfrac{\begin{array}{c}\vdots \\ \psi \to \theta\end{array} \qquad \cfrac{\begin{array}{c}\\ \varphi \to \psi\end{array} \quad \begin{array}{c}\vdots \\ (\varphi \to \psi) \to [(\psi \to \theta) \to (\varphi \to \theta)]\end{array}}{(\psi \to \theta) \to (\varphi \to \theta)}\ MP}{\varphi \to \theta}\ MP$$

例題 3.3　$\forall x P(x) \to \exists y P(y)$ が「証明」できることを示せ．

解　$\forall x P(x) \to P(x)$ は量化記号の公理である．また $P(x) \to \exists y P(y)$ は上の例で「証明」されている．したがって，三段論法により，$\forall x P(x) \to \exists y P(y)$ が「証明」できることがわかる．　□

以上において，証明という単語を「証明」と書いてきたが，これは「形式的体系」(=「論理の公理」+「推論規則」) の中で証明できるという意味を強調したかったからである．証明という言葉が二つの意味で使われることに注意されたい．たとえば

論理式 φ が「証明」されることを証明する

という文章は,『最後がφで終わる形式的体系での「証明」がある』という事実を日本語で証明(説明)するという意味である．今後論理式φの「証明」があることを

$$\vdash \varphi$$

と書く．この記号のもとで，二つの推論規則は,

(1) (単純推論，MP) $\vdash \varphi$かつ$\vdash \varphi \to \psi \implies \vdash \psi$;
(2) (一般化) $\vdash \varphi \implies \vdash \forall x(\varphi)$

と表現できる．

注意 3.7　A「$\vdash \varphi \to \psi$」とB「$\vdash \varphi \Rightarrow \vdash \psi$」はともに日本語にするとおおよその意味は「$\varphi$ならば$\psi$」である．しかし正確にはAとBは異なる主張である．前者Aは論理式$\varphi \to \psi$が形式的体系で「証明」できることを意味している．対して後者Bはφが「証明」できれば，ψも「証明」できることを意味している．たとえばφが$x = y$, ψが$y = z$の場合を考えよう．$x = y$が「証明」できないことは予想がつくと思う．(正確な議論は現在の段階では行えないが，$x = y$は普遍的に正しい命題ではないので，「証明」できない.) したがって，前提$\vdash x = y$が正しくないので，Bは成り立つ．一方，$x = y$から$y = z$を導くことはできないので，Aが成り立たないのがわかる．

例題 3.4　$\vdash \varphi \to \psi, \vdash \varphi' \to \psi'$のときに，$\vdash (\varphi \wedge \varphi') \to (\psi \wedge \psi')$を示せ．

解　$(\varphi \to \psi) \to ((\varphi' \to \psi') \to ((\varphi \wedge \varphi') \to (\psi \wedge \psi')))$は命題論理に関する論理の公理である．よって「証明」できる．これと仮定$\vdash \varphi \to \psi$に対して，推論規則(MP)を用いると$(\varphi' \to \psi') \to ((\varphi \wedge \varphi') \to (\psi \wedge \psi'))$が「証明」できることがわかる．再び推論規則(MP)を用いて$\vdash (\varphi \wedge \varphi') \to (\psi \wedge \psi')$を結論する．　□

3.6　形式的証明の具体例

等号に関する基本的な性質がわれわれの形式的体系を用いて「証明」できる

ことを示そう．等号も同値関係の一種であり，次の性質を持っていなければならない．

(1) (反射性)　$\forall x(x = x)$.

(2) (対称性)　$\forall x \forall y(x = y \to y = x)$.

(3) (推移性)　$\forall x \forall y \forall z[(x = y \land y = z) \to x = z]$.

反射性は公理そのものである．したがって「証明」できる．

(対称性)　等号の公理の中に $x = y \to (\varphi(x, \ldots) \to \varphi(y, \ldots))$ があったのを思い出そう．いま，特に $\varphi(u, x)$ として原子論理式 $u = x$ を考える．このとき，上の公理は

$$x = y \to (x = x \to y = x)$$

となる．一方で

$$[x = y \to (x = x \to y = x)] \to [x = x \to (x = y \to y = x)]$$

はトートロジーなので，推論規則 (MP) により $x = y \to y = x$ を得る．最後に推論規則 (一般化) を使って対称性が「証明」される．

(推移性)　等号の公理の中に

$$y = x \to (y = z \to x = z)$$

がある (等号の公理3の $\varphi(u, z)$ として $u = z$ を考える)．対称性 $x = y \to y = x$ は「証明」できている．よって三段論法を使って，

$$x = y \to (y = z \to x = z)$$

が「証明」できる．$[x = y \to (y = z \to x = z)] \to [(x = y \land y = z) \to x = z]$ はトートロジーである．よって推論規則 (MP) により，

$$(x = y \land y = z) \to x = z$$

を得る．この論理式に推論規則 (一般化) を用いればよい．

例題 3.5　以下を順に確かめよ．

(1) $\vdash (\forall x\varphi(x)) \to \varphi(x)$.

(2) $\vdash (\forall x(\varphi(x) \to \psi(x))) \to (\varphi(x) \to \psi(x))$.

(3) $\vdash [(\forall x\varphi(x)) \wedge (\forall x(\varphi(x) \to \psi(x)))] \to [\varphi(x) \wedge (\varphi(x) \to \psi(x))]$.

(4) $\vdash [\varphi(x) \wedge (\varphi(x) \to \psi(x))] \to \psi(x)$.

(5) $\vdash [(\forall x\varphi(x)) \wedge (\forall x(\varphi(x) \to \psi(x)))] \to \psi(x)$.

(6) $\vdash [(\forall x\varphi(x)) \wedge (\forall x(\varphi(x) \to \psi(x)))] \to \forall x\psi(x)$.

(7) $\vdash (\forall x(\varphi(x) \to \psi(x))) \to (\forall x\varphi(x) \to \forall x\psi(x))$.

解 (1) 量化記号の公理により「証明」できる.

(2) 量化記号の公理により「証明」できる.

(3) 例題 3.4 による.

(4) 命題論理の公理により「証明」できる.

(5) (3),(4) と三段論法により「証明」できる.

(6) (5) に一般化を用いて，次に $\forall$ の公理を用いればよい.

(7) (6) と命題論理の公理を用いて「証明」できる. □

3.7 仮定のある証明

前節までで述べてきた「証明」は論理の公理だけを前提にした議論である．しかし世の中で議論するときは，何らかの仮定を前提として議論をすることが一般的である．法律の議論であれば，憲法や刑法などをもとにして議論を行う．数学であれば，実数の性質や群の公理がもとになるだろう．

そこで仮定を用いた証明の概念を定義する必要性がある．

定義 3.6（仮定のある証明） Γ を L-閉論理式からなる集合とする．論理式の列

$$\varphi_0, \ldots, \varphi_n$$

が Γ を公理として用いた「証明」であるとは，各 $i \leq n$ に対して，φ_i が次のいずれかになっていることである.

(1) φ_i が論理の公理である.

(2) $\varphi_i \in \Gamma$.

(3) φ_i はそれ以前の番号を持つ φ_j から一般化によって得られる．

(4) φ_i はそれ以前の番号を持つ φ_j と φ_k により単純推論 (MP) によって得られる．

φ_n が φ のときは，列 $\varphi_0, \ldots, \varphi_n$ を仮定 Γ を用いた「φ の証明」という．さらに Γ を用いた「φ の証明」が存在するとき，

$$\Gamma \vdash \varphi$$

と書く．Γ が有限集合 $\{\gamma_0, \ldots, \gamma_n\}$ のときは，$\gamma_0, \ldots, \gamma_n \vdash \varphi$ という略記も用いる．

注意 3.8

(1) $\vdash \varphi$ は $\varnothing \vdash \varphi$ と同等である．

(2) $\vdash \varphi$ ならば $\Gamma \vdash \varphi$ である．

(3) $\varphi \in \Gamma$ ならば $\Gamma \vdash \varphi$ である．

(4) $\Gamma \vdash \varphi$ ならば Γ の有限部分集合 Γ_0 で $\Gamma_0 \vdash \varphi$ となるものがある：$\Gamma \vdash \varphi$ より，最後が φ で終わる，Γ を用いた「証明」$\varphi_0, \ldots, \varphi_n, \varphi$ がある．これは有限列なので，その中に現れる Γ の元は有限個．それらを Γ_0 とすればよい．

例題 3.6

(1) φ が閉論理式のとき $\varphi \vdash \varphi$ となることを示せ．

(2) φ, ψ が閉論理式のとき $\{\varphi, \varphi \to \psi\} \vdash \psi$ となることを示せ．

解 (1) 長さ1の列 φ が，仮定 φ を用いた φ の「証明」になる．

(2) φ と $\varphi \to \psi$ がともに仮定として使えるので，列

$$\varphi,\ (\varphi \to \psi),\ \psi$$

は $\{\varphi, \varphi \to \psi\}$ を用いた「ψ の証明」になる．よって $\{\varphi, \varphi \to \psi\} \vdash \psi$ である．証明図を用いれば，視覚的にわかりやすい．

$$\dfrac{\overset{\text{仮定}}{\varphi} \qquad \overset{\text{仮定}}{\varphi \to \psi}}{\psi}\ MP$$

□

論理の形式的体系における「証明」と「仮定のある証明」に関して表の形でまとめておく．

	証　明	仮定のある証明
使える公理	論理の公理	論理の公理 および Γ
推 論 規 則	MP + 一般化	MP + 一般化
記　法	$\vdash \varphi$	$\Gamma \vdash \varphi$

3.8 重要な補題

補題 3.1（演繹定理） Γ を閉論理式の集合，φ を閉論理式，θ を論理式とする．このとき，以下は同等である．

(1) $\Gamma \cup \{\varphi\} \vdash \theta$.

(2) $\Gamma \vdash \varphi \to \theta$.

証明 (2) ⇒ (1): $\Gamma \vdash \varphi \to \theta$ とする．その「証明」を $\varphi_0, \ldots, \varphi_n, (\varphi \to \theta)$ とする．このとき，列

$$\varphi, \varphi_0, \ldots, \varphi_n, (\varphi \to \theta), \theta$$

は $\Gamma \cup \{\varphi\}$ を仮定として用いた「θ の証明」となる．(θ は列の一番最初の φ と直前の $\varphi \to \theta$ に MP を用いて得られる．)

(1) ⇒ (2): $\Gamma \cup \{\varphi\} \vdash \theta$ とする．この「証明」の長さ n に関する帰納法で証明[6]する．$n = 1$ のときは，θ 自体が論理の公理であるか，または $\theta \in \Gamma \cup \{\varphi\}$ となることを意味する．θ が論理の公理や Γ に属す場合は，$\varphi \to \theta$ は明らか

[6]帰納法で証明するときの，証明の意味はもちろん数学的に議論して証明するという意味である．

に Γ を用いて「証明」できる．θ が φ の場合は，$\varphi \to \theta$ は実は $\varphi \to \varphi$ なので，命題論理の公理となり，Γ で「証明」が可能である．

$n+1$ の場合．最後の推論規則がMPのときを考えよう．

$$\frac{\psi \quad \psi \to \theta}{\theta}$$

が $\Gamma \cup \{\varphi\}$ における θ の「証明」の最後の部分としてよい．帰納法の仮定から

$$\Gamma \vdash \varphi \to \psi, \quad \Gamma \vdash \varphi \to (\psi \to \theta)$$

がともに成立．また $(\varphi \to \psi) \to ((\varphi \to (\psi \to \theta)) \to (\varphi \to \theta))$ はトートロジーなので，MPを2回用いて，$\Gamma \vdash \varphi \to \theta$ を得る．仮定 Γ の証明図で表現すると次のようになる．

$$\cfrac{\begin{matrix}\vdots \\ (\varphi \to (\psi \to \theta))\end{matrix} \qquad \cfrac{\begin{matrix}\vdots \\ \varphi \to \psi\end{matrix} \qquad (\varphi \to \psi) \to ((\varphi \to (\psi \to \theta)) \to (\varphi \to \theta))}{(\varphi \to (\psi \to \theta)) \to (\varphi \to \theta)}}{\varphi \to \theta}$$

次に，最後の推論規則が一般化のときを考える．θ は $\forall x\psi$ の形で，$\Gamma \cup \{\varphi\}$ における「証明」の最後の部分は

$$\frac{\psi}{\forall x\psi}$$

の形をしている．「ψ の証明」の長さは n 以下なので，帰納法の仮定により，$\Gamma \vdash \varphi \to \psi$ が成立する．ここで一般化を用いると $\Gamma \vdash \forall x(\varphi \to \psi)$ を得る．一方 φ は閉論理式なので，$\forall x(\varphi \to \psi) \to (\varphi \to \forall x\psi)$ は $\forall$ の公理の一つである．したがって，MPを使うと，$\Gamma \vdash \varphi \to \forall x\psi$ を得る．証明図を書くと，

$$\cfrac{\cfrac{\begin{matrix}\vdots \\ \varphi \to \psi\end{matrix}}{\forall x(\varphi \to \psi)} \qquad \forall x(\varphi \to \psi) \to (\varphi \to \forall x\psi)}{\varphi \to \forall x\psi}$$

のようになる. □

以下において，L-論理式 $\varphi(x)$ の x に L-項 t を代入したとき，t の変数が φ で量化記号で束縛されなければ，t が代入条件を満たすという．$\forall$ の公理 $\forall x(\varphi(x)) \to \varphi(t)$ においては，t が上記の代入条件を満たすことが必要であった．

補題 3.2（一般化定理） Γ を L-閉論理式からなる集合として，$\varphi(x)$ を L-論理式とする[7]．また定数記号 c は L に現れない新しい記号とする．このとき次の条件は同等である．

(1) $\Gamma \vdash \varphi(c)$.

(2) $\Gamma \vdash \varphi(u)$ となる (代入条件を満たす) 変数 u が存在する．

(3) $\Gamma \vdash \varphi(u)$ が任意の (代入条件を満たす) 変数 u で成立する．

(4) $\Gamma \vdash \forall x \varphi(x)$.

証明 最初に (4) から (1), (2), (3) が得られることを示そう．$\forall x \varphi(x) \to \varphi(u)$ は論理記号 $\forall$ に関する公理である．よって (4) とこの公理から (MP を適用すると) $\Gamma \vdash \varphi(u)$ となることがわかる．(1) についても同様である．

次に (2) から (4) が得られることを示す．$\Gamma \vdash \varphi(u)$ とする．「証明」の一番最後に一般化を適用すれば，$\Gamma \vdash \forall u \varphi(u)$ がわかる．よって (上の議論と同様に[8]) $\Gamma \vdash \varphi(x)$ もわかり，再び一般化により $\Gamma \vdash \forall x \varphi(x)$ を得る．よって，(2),(3),(4) はすべて同等である．

したがって $\Gamma \vdash \varphi(c)$ を仮定して，(2)-(4) のいずれかを示せばよい．

Γ からの「証明」の中に現れる推論規則の数 n に関する帰納法で証明する．

$n = 0$ 1 回も推論規則を用いていないとき．次の二つのいずれかの可能性しかない．

- $\varphi(c) \in \Gamma$. Γ に c は現れないから，$\varphi(u)$ と $\varphi(c)$ は実は同一の論理式なので，$\varphi(u) \in \Gamma$ となる．したがって $\Gamma \vdash \varphi(u)$ である．

---

[7] φ は x 以外の自由変数を持つ場合も考える．見にくくなるので $\varphi(x)$ と表記するが，実際は $\varphi(x, \ldots)$ の場合も考慮する．（$\ldots$ の部分に u は現れない．）

[8] 最初に与えられた $\varphi(x)$ において，x は自由変数であった．この自由変数部分を u で置き換えたものが $\varphi(u)$ である．したがって，その u の中に x を代入しても，その x は束縛されない．すなわち代入条件を満たす．

- $\varphi(c)$ が論理の公理である．論理の公理には3種類あった．最初にトートロジーからできた場合を扱う．このとき $\varphi(c)$ は命題論理のトートロジー $A(X_1,\ldots,X_n)$ に $\theta_1(c),\ldots,\theta_n(c)$ を代入した形になっている．このとき，$\forall u(A(\theta_1(u),\ldots,\theta_n(u)))$ も論理の公理であり，それは $\forall u\varphi(u)$ である．次に $\varphi(c)$ が量化記号 $\forall$ の公理

$$\forall y\theta(y,c) \rightarrow \theta(t(c),c)$$

の形の場合を考える．$\varphi(c)$ のもとになった論理式 $\varphi(x)$ は $\forall y\theta(y,x) \rightarrow \theta(t(x),x)$ である．$t(x)$ の x はもともと θ の中で自由変数だったから代入の条件は満足されており，$\forall x\varphi(x)$ は $\forall$ の公理となる．それ以外の論理の公理についても同様の議論である．

$n > 0$　$\varphi(c)$ が導かれるとき推論規則が使われているとしてよい．最後の推論規則の種類によって場合分けして議論する．

- MP のとき：「$\varphi(c)$ の証明」の途中に $\psi(c)$ と $\psi(c) \rightarrow \varphi(c)$ の形が現れている．ここで帰納法の仮定により，$\Gamma \vdash \psi(u)$, $\Gamma \vdash \psi(u) \rightarrow \varphi(u)$ である[9]．よって，これらに MP を適用すれば，$\Gamma \vdash \varphi(u)$ を得る．
- 一般化のとき：$\varphi(c)$ は $\forall y(\psi(c,y))$ の形で，「証明」の最後は $\psi(c,y)$ から $\forall y(\psi(c,y))$ を推論している．$\Gamma \vdash \psi(c,y)$ に対して帰納法の仮定を用いると，$\Gamma \vdash \psi(x,y)$．これに一般化を用いれば，$\Gamma \vdash \forall y(\psi(x,y))$ を得る．

□

注意 3.9

- (1) における Γ を用いた「証明」は言語 $L \cup \{c\}$ における証明である．すなわち，途中に c を使った論理式が現れる可能性がある．一方 (4) における Γ を用いた「証明」は言語 L での証明である．
- $\Gamma \vdash \varphi(c_1,\ldots,c_n)$ と $\Gamma \vdash \varphi(u_1,\ldots,u_n)$ の同等性も示される．

[9] u は $\psi(c)$, $\varphi(c)$ に表れない変数．

第 3 章の演習問題

3.1　L-項 $t(x_1, \ldots, x_k)$ の変数 $x_1, \ldots, x_k$ を L-項 $u_1, \ldots, u_k$ で置き換えた列 $t(u_1, \ldots, u_k)$ は L-項になる．これを示せ．

3.2　L-論理式 $\varphi(x_1, \ldots, x_k)$ の自由変数に，代入条件を満たす L-項 $u_1, \ldots, u_k$ を代入してできる列 $\varphi(u_1, \ldots, u_k)$ は L-論理式になる．これを示せ．

3.3　$\vdash \forall x(\forall y(\varphi(x, y))) \to \forall y(\forall x(\varphi(x, y)))$ を示せ．

3.4　$L = \{P(*)\}$ のとき，$\vdash x = y \to (P(y) \to P(x))$ を示せ．

3.5　等号の公理 $x = y \to t(x) = t(y)$ は他の等号公理から導かれることを示せ．

3.6　$\forall y_0 \cdots \forall y_{n-1}[\forall x(\varphi \to \psi) \to (\forall x\varphi \to \forall x\psi)]$ の形をすべて新たに論理の公理として付加すれば，一般化の推論規則は必要ないことを示せ．(すなわち，「証明」できる論理式は MP のみを用いても「証明」できる.)

第4章

構　造

論理式はあくまでも記号の列であり，固有の意味は持たない．意味を与えるのは構造である．構造を与えることは，領域 (個体の動く範囲) と言語の解釈 (言語に属する記号の意味) を具体的に指定することである．定数記号に対しては，その記号が指し示す領域の中の具体的な元が対応づけられ，関数記号に対しては，領域における具体的関数が与えられる．

4.1 構造の定義

定義 4.1（構造） L を言語とする．対

$$(M, \iota)$$

が (一つの) L-構造であるとは，以下の条件を満たすことである．

(1) M は空でない集合である．

(2) ι は L を定義域とする関数で以下を満たす．

(a) $c \in L$ が定数記号のとき，$\iota(c)$ は M の元である．

(b) $F \in L$ が m 変数関数記号のとき，$\iota(F)$ は

$$\iota(F) : M^m \to M$$

なる m 変数関数[1]である．

[1]部分関数 (定義域 D が M^m の一部になっている関数) も扱うことができる．たとえば，与えられた部分関数に対して，$M^m \setminus D$ に対しては一定の値を対応させるように関数を拡大して，全域で定義された関数として扱うことができる．

(c) $P \in L$ が n 変数述語記号のとき，$\iota(P)$ は

$$\iota(P) \subset M^n$$

なる M 上の n 項関係である．

M は構造の領域 (あるいはユニバース) とよばれる．また記号 $X \in L$ に対する $\iota(X)$ を X の解釈という．

注意 4.1

(1) 定数記号は名前の示す通り定数 (特定の元) を表すための記号であるから，構造では領域内の特定の元に解釈されている．同様に関数記号は関数を表すための記号であり，構造では関数に解釈されている．述語記号の場合は，少し注意を要する．述語記号の解釈は述語記号を成り立たせる元全体として与えられる．たとえば実数の世界において $<$ の「通常の」解釈は $\{(x, y) \in \mathbb{R} : x < y\}$ になっている．

(2) L-構造 (M, ι) は，ι を省略して単に M と書くことがある．この場合には，記号 $X \in L$ の解釈は X^M と表す．この表記のもとでは，L-構造は

$$(M, c^M, \ldots, F^M, \ldots, P^M, \ldots)$$

となる．今後はこの書き方を使うことが多い．

(3) 実数の集合 $\mathbb{R}$ を考えるとき，構造 $(\mathbb{R}, 0., 1, +, \cdot)$ と $(\mathbb{R}, 0, 1, +, \cdot, <)$ とはまったく異なるものとして扱う．前者は体としての実数構造であり，後者は順序体としての実数構造である．

(4) $L = \{0, 1, +, \cdot\}$ を言語として，$\mathbb{R}$ を L-構造にする方法は一つではない．0 は実数の 0 と解釈して，1 は 1 に解釈，$+$ は和を与える関数，$\cdot$ は積を与える関数に解釈するのが普通ではあるが，たとえば，記号 0 を実数の 1 と解釈してもわれわれの意味では L-構造になる．

4.2 項 の 解 釈

L の項 $t(x, \ldots, x_n)$ は L の関数記号を用いて構成された形式的な合成関数

と考えられる．したがって，構造 M において，項 $t(x_1,\ldots,x_n)$ は n 変数関数 $t^M : M^n \to M$ を自然に定義する．しかし，複雑な議論のためには，以下のような帰納的な定義が必要となる．

定義 4.2（項の解釈） M を L-構造とする．L の項 $t(x_1,\ldots,x_n)$ と $a_1,\ldots, a_n \in M$ に対して，t に $a_1,\ldots,a_n$ を代入した値 $t^M(a_1,\ldots,a_n)$ を帰納的に定義する[2]．

(1) • t が変数 x_i のとき，

$$t^M(a_1,\ldots,a_n) = a_i.$$

• t が定数記号 c のとき，

$$t^M(a_1,\ldots,a_n) = c^M.$$

(2) t が $F(t_1(x_1,\ldots,x_n),\ldots,t_m(x_1,\ldots,x_n))$ (F は関数記号，t_i たちは項) のとき，

$$t^M(a_1,\ldots,a_n) = F^M(t_1^M(a_1,\ldots,a_n),\ldots,t_m^M(a_1,\ldots,a_n)).$$

例題 4.1 $t(x_1,\ldots,x_n), u_1(y_1,\ldots,y_m),\ldots,u_n(y_1,\ldots,y_m)$ を L-項とする．このとき，$s = t(u_1(y_1,\ldots,y_m),\ldots,u_n(y_1,\ldots,y_m))$ とおく．$a_1,\ldots,a_m \in M$ に対して，

$$s^M(a_1,\ldots,a_m) = t^M(u_1^M(a_1,\ldots,a_m),\ldots,u_n^M(a_1,\ldots,a_m))$$

を示せ．

解 t が 1 つの関数記号のときは定義そのものである．これをもとにして，t の構成に関する帰納法 (t に含まれる関数記号の数に関する帰納法) により証明すればよい．本質的でなおかつ一番簡単な場合は，F を 2 変数関数記号として，

---

[2] この定義で，等号は記号ではなく，「等しい」という日本語の省略形として用いている．

$$\begin{aligned} t(x_1, x_2) &= F(t_1(x_1, x_2), t_2(x_1, x_2)) \\ &= F(t_1, t_2)(x_1, x_2), \\ s(y) &= t(u_1(y), u_2(y)) \\ &= t(u_1, u_2)(y) \end{aligned}$$

の場合である[3]．このとき，

$$\begin{aligned} s(y) &= F(t_1(u_1(y), u_2(y)), t_2(u_1(y), u_2(y))) \\ &= F(t_1(u_1, u_2), t_2(u_1, u_2))(y). \end{aligned}$$

等号は本当に記号列として等しいという意味で用いている．左辺は $u_1(y)$ と $u_2(y)$ という項を項 t の中に代入してできた項．右辺は $t_1(u_1, u_2)$ と $t_2(u_1, u_2)$ を最初に作り，それに関数記号 F をつけてできた変数 y を持つ項．これらが等しくなることが議論の本質である．このとき，

$$\begin{aligned} s^M(a) &= (F(t_1(u_1, u_2)(y), t_2(u_1, u_2)(y)))^M(a) && (s\ \text{の書き換え}) \\ &= F^M((t_1(u_1, u_2))^M(a), (t_2(u_1, u_2))^M(a)) && (s^M\ \text{の定義}) \\ &= F^M((t_1^M(u_1^M(a), u_2^M(a))), (t_2^M(u_1^M(a), u_2^M(a))) && (\text{帰納法の仮定}) \\ &= (F(t_1(x_1, x_2), t_2(x_1, x_2)))^M(u_1^M(a), u_2^M(a)) && ((F(t_1, t_2))^M\ \text{の定義}) \\ &= t^M(u_1^M(a), u_2^M(a)) && ((F(t_1, t_2))^M\ \text{の書き換え}) \end{aligned}$$

よって $s^M(a) = t^M(u^M(a))$ が示された．　□

論理式 φ が M において成立する，という概念は自然に定義される．しかしこの場合も，複雑な議論のためには，以下のような帰納的な定義が必要となる．

[3] t の中の変数に u_1，u_2 を代入してできた項 s は y を変数として持っている．

4.3 論理式の解釈

定義 4.3（論理式の解釈） M を L-構造，$a_1, \dots, a_n \in M$ として，$\varphi(x_1, \dots, x_n)$ を L-論理式とする．「M で $\varphi(a_1, \dots, a_n)$ が成立する」(記号で $M \models \varphi(a_1, \dots, a_n)$ と書く) という関係を帰納的に定義する．

(1) • φ が原子論理式 $t(x_1, \dots, x_n) = u(x_1, \dots, x_n)$ のときは，

$$M \models \varphi(a_1, \dots, a_n) \iff t^M(a_1, \dots, a_n) = u^M(a_1, \dots, a_n).$$

• φ が原子論理式 $P(t_1(x_1, \dots, x_n), \dots, t_m(x_1, \dots, x_n))$ のときは，

$$M \models \varphi(a_1, \dots, a_n) \iff (t_1^M(a_1, \dots, a_n), \dots, t_m^M(a_1, \dots, a_n)) \in P^M.$$

(2) • φ が $\varphi_1(x_1, \dots, x_n) \land \varphi_2(x_1, \dots, x_n)$ のとき，

$$M \models \varphi(a_1, \dots, a_n) \iff \text{“}M \models \varphi_1(a_1, \dots, a_n) \text{ かつ } M \models \varphi_2(a_1, \dots, a_n)\text{”}.$$

• φ が $\varphi_1(x_1, \dots, x_n) \lor \varphi_2(x_1, \dots, x_n)$ のとき，

$$M \models \varphi(a_1, \dots, a_n) \iff \text{“}M \models \varphi_1(a_1, \dots, a_n) \text{ または } M \models \varphi_2(a_1, \dots, a_n)\text{”}.$$

• φ が $\varphi_1(x_1, \dots, x_n) \to \varphi_2(x_1, \dots, x_n)$ のとき，

$$M \models \varphi(a_1, \dots, a_n) \iff \text{“}M \models \varphi_1(a_1, \dots, a_n) \text{ ならば } M \models \varphi_2(a_1, \dots, a_n)\text{”}.$$

• φ が $\neg\psi(x_1, \dots, x_n)$ のとき，

$$M \models \varphi(a_1, \dots, a_n) \iff \text{“}M \models \varphi(a_1, \dots, a_n) \text{ でない”}.$$

• φ が $\exists x \psi(x, x_1, \dots, x_n)$ のとき，

$$M \models \varphi(a_1, \ldots, a_n) \iff \text{“適当な } b \in M \text{ に対し}$$
$$M \models \psi(b, a_1, \ldots, a_n)\text{”}.$$

- φ が $\forall x \psi(x, x_1, \ldots, x_n)$ のとき，

$$M \models \varphi(a_1, \ldots, a_n) \iff \text{“任意の } b \in M \text{ に対し}$$
$$M \models \psi(b, a_1, \ldots, a_n)\text{”}.$$

例 4.1

(1) M を 2 次実正則行列の全体 $(GL_2(\mathbb{R}))$ とする．2 変数関数記号 $\cdot$ の M での解釈 $\cdot^M$ を通常の行列の乗法として，M を $\{\cdot\}$-構造とする．$(M, \cdot^M) \models \exists x \exists y (x \cdot y \neq y \cdot x)$ である．

(2) 上の M において $\cdot^M$ の解釈を行列の和とすれば，$(M, \cdot^M) \models \forall x \forall y (x \cdot y = y \cdot x)$ である．

(3) $L = \{\cdot\}$ とする．実数の全体 $\mathbb{R}$ と有理数の全体 $\mathbb{Q}$ を自然な解釈で L-構造とする．L-閉論理式 φ を

$$\forall x \exists y (x = y \cdot y)$$

とすれば，$\mathbb{R} \models \varphi$ だが $\mathbb{Q} \models \neg\varphi$ となる．

例題 4.2　M を L-構造とする．

(1) $c \in L$ を定数記号，$P \in L$ を 1 変数述語記号とする．このとき，

$$M \models P(c) \iff M \models P(c^M).$$

(2) $\varphi(x_1, \ldots, x_n)$ を L-論理式，$t_1, \ldots, t_n$ を L の閉項 (変数のない項) とする．このとき，

$$M \models \varphi(t_1, \ldots, t_n) \iff M \models \varphi(t_1^M, \ldots, t_n^M)$$

が成立する．

解　(1) $M \models P(c)$ の意味は，$P(c)$ という L-原子閉論理式が M で成立するということである．原子論理式 $P(t)$ で，t が定数記号になっている場合で

ある．原子論理式に対する $\models$ の定義から，これは $t^M = c^M$ が P^M に属するという意味である．

一方 $M \models P(c^M)$ は，自由変数を持つ L-原子論理式 $P(x)$ が M の元 c^M によって満たされるという意味である．この場合も定義から，c^M が P^M に属するという意味になる．

(2) (1) をもとにして，φ の構成に関する帰納法で示せばよい．　□

例題 4.3　M を L-構造とする．φ, ψ を L-閉論理式とする．次の同等性

$$M \models \forall x(\varphi(x) \vee \psi(x)) \iff M \models \forall x\varphi(x) \text{ または } M \models \forall x\psi(x)$$

は必ずしも成立しない．反例となる L, M, φ, ψ の例を見つけよ．

解　$L = \{P\}$ とする．ただし P は 1 変数述語記号である．また $M = \{0,1\}$，$P^M = \{0\}$ として，論理式 $P(x) \vee (\neg P(x))$ を考える．このとき，明らかに $M \models \forall x(P(x) \vee (\neg P(x)))$ である．しかし，$M \models \forall x P(x)$ および $M \models \forall x(\neg P(x))$ は両方とも成立しない．　□

4.4 モ デ ル

定義 4.4（モデル）　M を L-構造として，φ を L-閉論理式とする．$M \models \varphi$ のとき，M は φ のモデルという．また T が L-閉論理式の集合の場合，M がすべての $\varphi \in T$ のモデルになるとき，M は T のモデルであるといい，

$$M \models T$$

と表す．

注意 4.2　モデルという言葉を強いて日本語に直せば「具体例」という語感かも知れない．「M が φ のモデルである」とは，「構造 M は論理式 φ を成り立たせる具体例である」という意味になる．モデルという言葉を使うと，われわれが目標にしている論理の完全性は次のように表現できる．

- われわれの形式的体系で「証明」できない閉論理式 φ に対しては，$\neg\varphi$ のモデルが存在する．

- (同じことだが) われわれの形式的体系で $\neg\varphi$ が「証明」できなければ，φ のモデルが存在する．

また，モデルの定義から (当たり前のことだが)，次のような言い方が可能である．

例 4.2

(1) 群は群の公理のモデルである．

(2) 実閉体 $(\mathbb{R}, 0, 1, +, -, \cdot)$ は体の公理のモデルである．

例題 4.4 φ, ψ を L-閉論理式として，$T = \{\varphi, \psi\}$ とおく．このとき

$$M \models T \iff M \models \varphi \wedge \psi$$

を示せ．

解 $M \models T$ となるのは，$M \models \varphi$ と $M \models \psi$ の両方が成立することである．$\wedge$ の解釈の定義から，これは $M \models \varphi \wedge \psi$ と同等である． □

命題 4.1 Λ を言語 L で書かれた論理の公理全体とする．任意の L-構造 M は Λ のモデルになる．より正確には，$\varphi(x_1, \ldots, x_n) \in \Lambda$ に対して，

$$M \models \forall x_1 \cdots \forall x_n \varphi(x_1, \ldots, x_n)$$

となる．

証明 Λ に属する論理の公理は3種類あった．それらは (i) トートロジーから得られたもの，(ii) 量化記号 $\forall$ に関するもの，(iii) 等号に関するものである．(i), (iii) が M で成立することは明らかである．(ii) に関してもほぼ明らかであるが，注意する点もあるので，そこを中心に調べることにする．量化記号の公理には二つの種類があったが，簡単のために多少制限された次の形を考える．

(1) $\forall y[\forall x(\varphi(y) \to \psi(x, y)) \ \to \ (\varphi(y) \to \forall x \psi(x, y))]$.

(2) $\forall y[\forall x \varphi(x, y) \ \to \ \varphi(t(y), y)]$.

ただし t は L-項で，$t(y)$ の変数 y は φ に代入したとき束縛されない．これらが M で成立することを示す．

(1) y に代入する $b \in M$ を勝手にとり，左辺

$$M \models \forall x(\varphi(b) \to \psi(x,b)) \tag{4.1}$$

を仮定する．このとき，右辺 $M \models (\varphi(b) \to \forall x\psi(x,b))$ を示せばよい．$\varphi(b)$ が M で成立しなければ，「ならば」$(\to)$ の解釈から自明に $M \models (\varphi(b) \to \forall x\psi(x,b))$ なので，$M \models \varphi(b)$ としてよい．したがって，$a \in M$ を勝手にとるとき，式 (4.1) から，$M \models \psi(a,b)$ が成立する．すなわち $M \models \forall x\psi(x,b)$ が成り立つ．よって $M \models (\varphi(b) \to \forall x\psi(x,b))$ も成立する．

(2) $b \in M$ を y に代入して，左辺

$$M \models \forall x\varphi(x,b)$$

を仮定する．$a = t^M(b)$ とすれば，特に

$$M \models \varphi(a,b) \tag{4.2}$$

を得る．$\varphi(t(y),y)$ において $t(y)$ の部分にある y は量化記号で束縛されていないので，実際に代入することができ，式 (4.2) は $M \models \varphi(t(b),b)$ と同等になる． □

論理の形式的体系において，「証明」のもとになる論理の公理はいかなる L-構造においても成立することがわかった．また推論規則 (MP および一般化) が任意の L-構造において正しい推論となることは見やすい．よって，次を得る．

定理 4.1 M を L-構造とする．$\varphi(x_1,\ldots,x_n)$ を L-論理式とするとき，

$$\vdash \varphi(x_1,\ldots,x_n) \implies M \models \forall x_1 \cdots \forall x_n \varphi(x_1,\ldots,x_n).$$

証明 「$\varphi(x_1,\ldots,x_n)$ の証明」の長さ m に関する帰納法で示す．$m=1$ のときは，$\varphi(x_1,\ldots,x_n)$ は論理の公理である．よって φ は Λ に属する．したがって命題 4.1 により，$M \models \forall x_1 \cdots \forall x_n \varphi$ が成り立つ．

$m > 1$ のとき，最後に行われた推論を考える．MP のときはほぼ明らかである．一般化のときは，φ は $\forall y\psi(y,x_1,\ldots,x_n)$ の形で，最後の推論は $\psi(x_1,$

$\dots, x_n, y)$ から $\forall y \psi(y, x_1, \dots, x_n)$ を導く形になっている．帰納法の仮定から

$$M \models \forall x_1 \cdots \forall x_n \forall y \psi(x_1, \dots, x_n, y)$$

である．これは $M \models \forall x_1 \cdots \forall x_n \varphi(x_1, \dots, x_n)$ を意味する．□

定義 4.5　すべての L-構造 M で閉論理式 φ が成立することを

$$\models \varphi$$

と表す．同様に，Γ が閉論理式の集合のとき，すべての L-構造 M で

$$M \models \Gamma \Rightarrow M \models \varphi$$

となることを $\Gamma \models \varphi$ と書く．

$\models \varphi$ は直観的には，論理式 φ がどんな状況でも普遍的に成立することを意味している．$\Gamma \models \varphi$ は，Γ が成り立つ状況においては，φ も成り立つことを意味している．上の定理 4.1 から次が直ちにわかる．

系 4.1

(1) $\vdash \varphi \implies \models \varphi.$

(2) $\Gamma \vdash \varphi \implies \Gamma \models \varphi.$

この事実は論理の形式的体系の健全性とよばれる．健全性はほぼ明らかな事実である．それは，論理の公理は，普遍的に成立する命題の中からいくつかを選んできたものであり，推論規則も普遍的に成立する論法である．したがって，これらから出てくる結論は普遍的に正しい命題でなければならない．

矢印を逆向きにした主張が形式的体系の完全性である．完全性は明らかな事実ではない．

第4章の演習問題

4.1　$L = \{c, d, F\}$ とする．ただし，c, d は定数記号，F は3変数の関数記号とする．次の条件を満足する L の項 t の例を二つ挙げよ．

(1) 変数は現れない．

(2) c, d は両方とも現れる．

(3) F は丁度 2 回現れる．

4.2　問題 4.1 の (1)-(3) を満たす項は有限個しか存在しないことを示せ．

4.3　$M = \{0, 1, 2, 3\}$ とする．集合 M を L-構造にする方法は何通りあるか．ただし L は問題 4.1 の言語とする．

4.4　$L = \{U\}$ とする．ただし U は 1 変数の述語記号である．$\mathbb{N}$ を L-構造にする方法は非可算種類あることを示せ．

4.5　$L = \{E\}$ とする．ただし E は 2 変数の述語記号である．L-構造 M を

(1) $M = \mathbb{Z}$ (領域は整数全体),

(2) $E^M = \{(x, y) \in M^2 : x - y$ は偶数$\}$

で定義する．$M \models \forall x E(x, x)$, $M \vdash \forall x \forall y (E(x, y) \to E(y, x))$，および $M \models \forall x \forall y \forall z ((E(x, y) \land E(y, z)) \to E(x, z))$ を示せ．

第5章

完全性定理

人間の論理は具体的な論理の公理と具体的な推論規則の組み合わせで実行できる．これが完全性の主張である．

完全性定理を厳密に述べて，その証明を行うのが本書の主要な目標であった．第3章で論理の形式的体系を具体的に与えて，基本的な性質を述べた．第4章で構造の概念を導入した．本章では，形式的体系が人間の論理を完全に表現していることを証明する．すなわち完全性を証明する．

5.1 形式的体系の復習

論理の形式的体系は以下のものからなる．

(1) 命題論理に関する公理：トートロジーから作られる論理式全体．

(2) 量化記号の公理：次の二つの形．

- $\forall x(\varphi \to \psi) \ \to \ (\varphi \to \forall x\psi)$

  φ の中に自由変数 x が現れない，

- $\forall x\varphi(x, \ldots) \ \to \ \varphi(t, \ldots)$

  t は項で t の変数は φ の中で束縛されない．

(3) 等号の公理．

(4) 推論規則：次の二つの形．

$$\frac{\varphi \quad \varphi \to \psi}{\varphi} \ \text{単純推論}\ (MP), \qquad \frac{\varphi}{\forall x\psi} \ \text{一般化}.$$

Γ を L-閉論理式の一つの集合とする．

注意 5.1

(1) 上の論理の公理と Γ をもとに推論規則を何回か使って論理式 φ が出てくるとき φ は Γ から証明可能であるといい，$\Gamma \vdash \varphi$ と書く．

(2) 存在記号 $\exists$ は $\neg\forall\neg$ の省略形と考える．すなわち，$\exists x\varphi$ という論理式は論理式 $\neg(\forall x(\neg\varphi))$ のことである．

論理の形式的体系の性質の中で (いままでの中で) 最も重要な結果は次の一般化定理 (補題 3.2 およびその後の注意) と演繹定理 (補題 5.1) である．

(A) (一般化定理)　$\varphi(x_1, \ldots, x_n)$ を L-論理式として，$c_1, \ldots, c_n$ を Γ および φ に現れない定数記号とする．このとき，

$$\Gamma \vdash \varphi(c_1, \ldots, c_n) \quad \Rightarrow \quad \Gamma \vdash \varphi(x_1, \ldots, x_n).$$

ただし左辺での「証明」は言語 $L \cup \{c_1, \ldots, c_n\}$ での証明であり，右辺での「証明」は言語 L での証明である．

(B) (演繹定理)　φ, ψ を L-論理式とする．このとき，

$$\Gamma \cup \{\varphi\} \vdash \theta \quad \Rightarrow \quad \Gamma \vdash \varphi \rightarrow \theta.$$

5.2　完全性定理の証明の準備

定義 5.1（矛盾と整合的）

(1) Γ を L-閉論理式の集合とする．Γ が矛盾しているとは，ある論理式 ψ に対して，Γ から ψ と $\neg\psi$ の両方が「証明」できることである．

(2) Γ が整合的とは，Γ が矛盾していないことをいう．

注意 5.2

(1) $\psi \rightarrow ((\neg\psi) \rightarrow \theta))$ は論理の公理だから，Γ が矛盾していれば，任意の L-論理式 θ が証明可能になる．

$$\dfrac{\neg\psi \qquad \dfrac{\psi \qquad \psi \to ((\neg\psi) \to \theta))}{(\neg\psi) \to \theta}}{\theta}$$

(2) Γ が矛盾していれば，有限部分集合 $\Gamma_0 \subset \Gamma$ で矛盾しているものが存在する．これは「証明」が有限列だからである．

補題 5.1 φ を L-閉論理式とする．$\Gamma \cup \{\varphi\}$ が矛盾するならば，$\Gamma \vdash \neg\varphi$ である．

証明 $\Gamma \cup \{\varphi\}$ が矛盾することから，$\Gamma \cup \{\varphi\} \vdash \neg\varphi$ となる．演繹定理を適用すると，$\Gamma \vdash \varphi \to \neg\varphi$．ここで $(\varphi \to \neg\varphi) \to \neg\varphi$ はトートロジーなので，$\Gamma \vdash \neg\varphi$ を得る． □

完全性定理はいくつかの形で表現できる．最初に一番基本的な形で完全性を述べる．

定理 5.1（完全性定理［基本形］） Γ を言語 L-閉論理式のある集合とする．Γ が整合的ならば Γ のモデルが存在する．

注意 5.3 上の形の完全性定理から，

$$\models \varphi \Rightarrow \vdash \varphi$$

が従う (定理 5.2 参照)．

5.3 完全性定理の証明

完全性定理 (定理 5.1) を証明する．われわれの証明方法 (モデルの構成法) はヘンキン構成法とよばれる．ゲーデルのもともとの構成法とは異なる．

証明の基本方針は次のようになる．

(1) L は簡単のため可算言語とする．L-閉論理式からなる整合的な集合 Γ

が与えられたとする．

(2) 可算無限個の新しい定数記号 c_i $(i \in \mathbb{N})$ を用意し L に加えて，新しい言語 $L^* = L \cup \{c_i : i \in \mathbb{N}\} = L \cup C$ を作る．

(3) Γ を L^*-閉論理式の集合と考える．L^* においても Γ は整合的である．

(4) Γ に対して，$\exists x\varphi(x) \to \varphi(c)$ の形の論理式 ($\varphi(x)$ は L^*-論理式で，c はある条件を満たす C の元) をすべて付け加える．このとき，付け加えた後の Γ も整合的である[1]．

(5) Γ を (包含関係に関して) 極大な整合的な L^*-論理式の集合 Γ^* に拡大する．

(6) Γ^* を使って L^*-構造 M^* を定義する：M^* の領域は (ほぼ) C である．ただし，二つの元 c, d は論理式 $c = d$ が Γ^* から導かれるとき，同一視する．また $F(c) = d$ が Γ^* から導かれるとき，c の F^{M^*} による行く先を d とする．述語に対しても同様の定義を行う．

(7) $M^* \models \Gamma^*$ を示す．実際には，論理式の構成に関する帰納法で，$M^* \models \psi \iff \Gamma^* \vdash \psi$ を示すことになる．このとき，ψ が $\exists x\varphi(x)$ の形のときに，条件「$\exists x\varphi(x) \to \varphi(c) \in \Gamma^*$」を使うことになる．

(8) M^* をもとの言語 L に制限した構造を M とする．$M \models \Gamma$ となる．

以下で詳細を述べる．L を可算言語として Γ を L で書かれた閉論理式の整合的な集合とする．L に入っていない可算個の新しい定数記号たち $C = \{c_i : i \in \mathbb{N}\}$ を用意する．

$$L^* = L \cup C$$

とおく．たとえば $\varphi(x)$ が自由変数 x を持つ L-論理式ならば，$\varphi(c_i)$ は L^* の論理式となる．

主張 A　Γ は新しい言語 L^* でも整合的になっている．

もし L^* を用いると矛盾にいたる「証明」があったとする．すなわち $\Gamma \vdash$

[1] 直観的には，「$\varphi(x)$ に解が存在するときその解の一つに c という名前をつける」ことを意味しているので，整合的なのはほぼ明らか．

$\varphi(c_1,\ldots,c_n)\wedge\neg\varphi(c_1,\ldots,c_n)$ となったとする．このとき，一般化定理により，$\Gamma\vdash\varphi(u_1,\ldots,u_n)\wedge\neg\varphi(u_1,\ldots,u_n)$ である (また「証明」の途中に現れる論理式もすべて L に属するようにできる)．これは Γ が L において矛盾していることを示すのでおかしい． (主張 A の証明終)

5.3.1 Γ^* の構成

L^* の論理式のうち自由変数が一つのものたちは可算個ある．これらを 1 列に並べたものを

$$\{\varphi_i : i\in\mathbb{N}\}$$

とする．並び方を工夫することにより，$\varphi_i(x)$ の中に現れる C の元は $c_0,\ldots,c_{i-1}$ に含まれるようにできる．$\Gamma_0=\Gamma$ として，Γ_n $(n\in\mathbb{N})$ を (φ_n の自由変数が x のとき)

$$\Gamma_{n+1}=\Gamma_n\ \cup\ \{\exists x\varphi_n(x)\ \rightarrow\ \varphi(c_n)\}$$

のように定める．

主張 B 各 Γ_n は整合的である．

他の場合も同様なので $n=1$ の場合を扱う．(正確には n に関する帰納法で証明する.) 背理法で示す．$\Gamma_1=\Gamma\cup\{\exists x\varphi_0(x)\rightarrow\varphi_0(c_0)\}$ が整合的でないとする．演繹定理 (補題 5.1) を使うと，

$$\Gamma\vdash\neg[\exists x(\varphi_0(x))\rightarrow\varphi_0(c_0)]$$

がわかる．ところで，

$$\neg[\exists x(\varphi_0(x))\rightarrow\varphi_0(c_0)]\ \rightarrow\ \exists x\varphi_0(x)\wedge\neg\varphi_0(c_0)$$

はトートロジーなので，

$$\Gamma\vdash\exists x(\varphi_0(x))\ \text{かつ}\ \Gamma\vdash\neg\varphi(c_0)$$

が示される．後半部分に命題 5.1 を使えば (c_0 が Γ に現れないことに注意)，

$$\Gamma \vdash \forall x(\neg\varphi_0(x)).$$

これと前半部分 $\Gamma \vdash \exists x(\varphi_0(x))$ から Γ が整合的でないことが示される．これは不合理である．　(主張Bの証明終)

以上のように作られた Γ_n たちに対して，

$$\Gamma_\omega = \bigcup_{n\in\mathbb{N}} \Gamma_n$$

とおく．整合性は有限的な条件なので，Γ_ω は L^* において整合的である．次に Γ_ω を極大な (L^* での) 整合集合 Γ^* に拡大する．(ツォルンの補題によりそのような極大集合は存在する.)

主張C　φ が L^* の閉論理式ならば，$\varphi \in \Gamma^*$ または $(\neg\varphi) \in \Gamma^*$ のいずれか一方が成り立つ．

Γ^* の整合性から両方が成立することはない．もし両方が成り立たなければ，Γ^* の極大性から，$\Gamma^* \cup \{\varphi\}, \Gamma^* \cup \{\neg\varphi\}$ の両方とも矛盾する．補題5.1により，

- $\Gamma^* \vdash \neg\varphi$;
- $\Gamma^* \vdash \neg(\neg\varphi)$.

これは Γ^* が矛盾することを意味するので，仮定に反する．(主張Cの証明終)

主張D　Γ^* は形式的体系の帰結で閉じている．すなわち，L^*-閉論理式 φ に対して，

$$\Gamma^* \vdash \varphi \implies \varphi \in \Gamma^*.$$

特に φ と $\varphi \to \psi$ がともに Γ^* に属せば，ψ も Γ^* に属する．

$\Gamma^* \vdash \varphi$ だが $\varphi \notin \Gamma^*$ と仮定する．このとき，主張Cから，$\neg\varphi \in \Gamma^*$ である．このことは，Γ^* から φ と $\neg\varphi^*$ の両方が導かれることを意味するので，Γ^* が矛盾してしまう．　(主張Dの証明終)

5.3.2 M^* の構成

次に Γ^* から L^*-構造 M^* を作る．最初に L^* の閉項 (変数を持たない項) 全体の集合 $Term$ 上に関係 $\sim$ を導入する．

$$t \sim u \iff t = u \in \Gamma^*.$$

主張 E $\sim$ は同値関係である．

(反射性) 等号の反射性 (公理) により $t = t$ は証明できる．よって $\Gamma^* \vdash t = t$ であり，主張 D から，$t \sim t$ を得る．

(対称性) $t \sim u$ ならば $t = u \in \Gamma^*$ である．$t = u \to u = t$ は「証明」できるので，$\Gamma^* \vdash u = t$ である．ここで主張 D により，$u = t \in \Gamma^*$ となり，$u \sim t$ を得る．

(推移性) t_1, t_2, t_3 を $Term$ の元として，$t_1 \sim t_2$, $t_2 \sim t_3$ とする．定義から $(t_1 = t_2), (t_2 = t_3) \in \Gamma^*$ である．このとき，等号に関する公理から

$$\Gamma^* \vdash (t_1 = t_2 \wedge t_2 = t_3) \to t_1 = t_3$$

が示される．よって，$\Gamma^* \vdash t_1 = t_3$．よって $t_1 \sim t_3$． (主張 E の証明終)

注意 5.4 同値類 $[t]$ の代表元として C の元がとれる：$t \in Term$ のとき，$\exists x(t = x)$ は L^* の論理式．したがって，$\exists x(t = x) \to t = c_n$ の形の論理式が Γ^* に入っている．ところが，仮定部分 $\exists x(t = x)$ は「証明」可能なので，Γ^* に属する．よって，$t = c_n \in \Gamma^*$ となる．すなわち $[t] = [c]$．

求める構造 M^* の領域 (同じ名前で M^* とよぶ) を最初に定義する．

$$M^* = Term/\sim = \{[t] : t \in Term\}$$

とする．ただし，$[t]$ は t の同値類．M^* を L^*-構造にするためには，L^* に属する各記号の解釈を決める必要がある．$c \in L^*$ は定数記号，$P \in L^*$ は n 変数述語記号，$F \in L^*$ は n 変数関数記号とするとき，

- $c^{M^*} = [c]$,

- $P^{M^*} = \{([t_1], \ldots, [t_n]) \in (M^*)^n : P(t_1, \ldots, t_n) \in \Gamma^*\}$,
- $F^{M^*}([t_1], \ldots, [t_n]) = [t] \iff (F(t_1, \ldots, t_n) = t) \in \Gamma^*$.

注意 5.5

(1) これらの定義が整合的な定義 (well-defined) であることを示さなければならない．1変数関数記号 F の場合を考えよう．$F^{M^*}([t_1])$ は，同値類 $[t_1]$ で定義されているわけではなくて，その代表元 t_1 を用いて決められている．したがって，代表元の取り方によらないことを確かめる必要がある．示すべきは，

$$t_1 \sim t_1',\ F(t_1) = t \in \Gamma^*,\ F(t_1') = t' \in \Gamma^* \ \Rightarrow\ t \sim t'$$

である．左辺を仮定する．$t_1 \sim t_1'$ より，$t_1 = t_1' \in \Gamma^*$ である．等号公理により，$\Gamma^* \vdash F(t_1) = F(t_1')$ を得る．これと，$F(t_1) = t \in \Gamma^*$, $F(t_1') = t' \in \Gamma^*$ により，$\Gamma^* \vdash t = t'$ である．$\sim$ の定義から，$[t] = [t']$ を得る．以上の議論は，F^{M^*} が実際に関数になっていること (行く先が二つないこと) も示している．

$F(t_1, \ldots, t_n) = F(t_1, \ldots, t_n)$ なので，

$$F^{M^*}([t_1], \ldots, [t_n]) = [F(t_1, \ldots, t_n)] \quad (t_1, \ldots, t_n \in Term)$$

となることに注意しておく．この事実から (帰納法により)，一般の項 t に対しても，$t^{M^*}([t_1], \ldots, [t_n]) = [t(t_1, \ldots, t_n)]$ が示される．

5.3.3　M^* が Γ^* のモデルになること

次の主張が示されれば，$M^* \models \Gamma^*$ がわかる．

主張 F　L^*-論理式 $\varphi(x_1, \ldots, x_m)$ と $t_1, \ldots, t_m \in Term$ に対して，

$$M^* \models \varphi([t_1], \ldots, [t_m]) \iff \varphi(t_1, \ldots, t_m) \in \Gamma^*.$$

φ に属する論理記号 $\wedge, \vee, \rightarrow, \neg, \forall, \exists$ の数 n に関する帰納法で証明する．

$n = 0$　φ は原子論理式である．したがって，$P(u_1(x_1, \ldots, x_m), \ldots, u_k(x_1, \ldots, x_m))$ または $t(x_1, \ldots, x_m) = u(x_1, \ldots, x_m)$ の形である．

前者については，原子論理式の解釈 (定義 4.3)，注意 5.5 と P^{M^*} の定義から

$$\begin{aligned} & M^* \models P(u_1([t_1],\ldots,[t_m]),\ldots,u_n([t_1],\ldots,[t_m])) \\ \iff & (u_1^{M^*}([t_1],\ldots,[t_m]),\ldots,u_n^{M^*}([t_1],\ldots,[t_m])) \in P^{M^*} \\ \iff & ([u_1(t_1,\ldots,t_m)],\ldots,[u_n(t_1,\ldots,t_m)]) \in P^{M^*} \\ \iff & P(u_1(t_1,\ldots,t_m),\ldots,u_n(t_1,\ldots,t_m)) \in \Gamma^*. \end{aligned}$$

$t = u$ の場合も同様.

n + 1 φ の構成に際して最後に使った論理記号によって場合分けをする．最初に φ が $\varphi_1 \wedge \varphi_2$ のときを考える[2]．

$$\begin{aligned} M^* \models \varphi_1 \wedge \varphi_2 &\iff M^* \models \varphi_1 \text{ かつ } M^* \models \varphi_2 && (\wedge \text{ の解釈}) \\ &\iff \varphi_1 \in \Gamma^* \text{ かつ } \varphi_2 \in \Gamma^* && (\text{帰納法の仮定}) \\ &\iff \varphi_1 \wedge \varphi_2 \in \Gamma^* && (\text{主張 D}). \end{aligned}$$

次に $\neg\psi$ の場合を考える．

$$\begin{aligned} M^* \models \neg\psi &\iff M^* \models \psi \text{ でない} && (\neg \text{ の解釈}) \\ &\iff \psi \in \Gamma^* \text{ でない} && (\text{帰納法の仮定}) \\ &\iff \neg\psi \in \Gamma^* && (\text{主張 C}). \end{aligned}$$

残りの $\vee, \rightarrow$, についても同様である．問題は量化記号 (全称記号 $\forall$) の場合である．議論を簡単にするために，φ が $\forall x\psi(x)$ の場合を考える．

$$\begin{aligned} M^* \models \forall x\psi(x) &\iff M^* \models \psi([t]) && (\forall t \in Term) \\ &\iff \psi(t) \in \Gamma^* && (\forall t \in Term) \end{aligned}$$

が論理記号 $\forall$ の解釈と帰納法の仮定から成り立つ．したがって示すべきは次のことがらである．

[2]自由変数を持つときを考察すべきであるが，本質でないところで表現が複雑になるので，$\varphi_1 \wedge \varphi_2$，$\neg\psi$ は閉論理式として扱う．

$$\psi(t) \in \Gamma^* \ \ (\forall t \in Term) \iff \forall x \psi(x) \in \Gamma^*. \tag{5.1}$$

($\Leftarrow$) は $\forall$ の公理と Γ^* が論理的帰結で閉じていることによる．

($\Rightarrow$) の対偶を示そう．右辺の否定 $\forall x \psi(x) \notin \Gamma^*$ を仮定する．Γ^* の極大性 (主張 C) から，

$$\neg \forall x \psi(x) \in \Gamma^*$$

である．論理記号∃の定義 (と主張 D) によって，$\exists x \neg \psi(x) \in \Gamma^*$ を得る．$\neg \psi(x)$ は自由変数 x を持つ L^* の論理式なので，Γ_n の構成に現れた論理式の並べ方 $\{\varphi_i\}_{i \in \mathbb{N}}$ の何番目かに必ず現れているはずである．いま $\neg \psi(x)$ が n 番目の論理式 $\varphi_n(x)$ だったとする．

$$\exists x \neg \psi(x) \to \neg \psi(c_n) \in \Gamma^*$$

である．したがって，再び主張 D により，$\neg \psi(c_n) \in \Gamma^*$ である．これは式 (5.1) の左辺の否定を意味する．　(主張 F の証明終)

主張 G　$M^* \models \Gamma^*$.

$\varphi \in \Gamma^*$ を任意の閉論理式とする．このとき，主張 F ($\Leftarrow$) により，$M^* \models \varphi$ となる．このことは，$M^* \models \Gamma^*$ を意味する．　(主張 G の証明終)

5.3.4　M^* の制限 M

$M^* \models \Gamma^*$ は $(L \cup C)$-構造であった．Γ^* は Γ を含むので，当然ながら $L \cup C$-構造 M^* は Γ のモデルにもなっている．M^* はより正確に書くと，

$$(M^*, \underbrace{\ldots\ldots}_{L\text{ の解釈}}, \underbrace{c_0^{M^*}, c_1^{M^*}, \ldots}_{C\text{ の解釈}})$$

の形をしている．しかしわれわれが探し求めていたのは，L-構造で Γ のモデルとなるものである．M^* には C に対する余計な解釈が残されている．

そこで，M^* の領域と L に対する解釈はそのままで，C の解釈は忘れた L-構造を考える．すなわち，次の構造を考える．

$$(M^*, \underbrace{\ldots\ldots}_{L\text{ の解釈}}).$$

この L-構造を M とおく．$\Gamma \subset \Gamma^*$ であり，Γ は L-閉論理式の集合だったから，M は Γ のモデルになっている． (完全性定理の証明終)

例題 5.1 L_0, L_1 を言語 L の二つの拡大とする．L_0-構造 M_0 と L_1-構造 M_1 は，言語 L に制限すると同じ L-構造になるとする．L-閉論理式 φ に対して，$M_0 \models \varphi \iff M_1 \models \varphi$ を示せ．

解 $M \models \varphi$ は帰納的に定義されるが，その定義の中で L に属さない記号の解釈は影響しない． □

5.4 完全性定理の考察

5.4.1 完全性定理の系

最初に健全性について復習する．

補題 5.2 $\varphi(\bar{x})$ を L-論理式とする．ただし，$\bar{x}$ は変数の有限列である．このとき，

(1) $\vdash \varphi(\bar{x})$ ならば，すべての L-構造 M において，$M \models \forall\bar{x}\varphi(\bar{x})$.

(2) $\Gamma \vdash \varphi(\bar{x})$ ならば，すべての $M \models \Gamma$ において，$M \models \forall\bar{x}\varphi(\bar{x})$ となる．

証明 (1) はすでに示してある (定理 4.1)．復習のために概略を書いておく．形式的体系における公理はすべて M で成立し，形式的体系における推論規則はすべて正しい推論だから，この推論規則は M の上でも使える．したがって，形式的体系で証明できる論理式は M で成立する．

(2) は以下のように示される．$\Gamma \vdash \varphi(\bar{x})$ のときは，「証明」の長さが有限なことから，$\psi_1, \ldots, \psi_m \in \Gamma$ を選んで，

$$\psi_1, \ldots, \psi_m \vdash \varphi(\bar{x})$$

とできる．演繹定理から，$\vdash \psi_1 \land \cdots \land \psi_m \to \varphi(\bar{x})$ である．したがって，

$$\vdash \psi_1 \wedge \cdots \wedge \psi_m \to \forall x \varphi(\bar{x})$$

を得る．(1) により，$\psi_1 \wedge \cdots \wedge \psi_m \to \forall x \varphi(\bar{x})$ が任意の L-構造 M で成立する．M が特に Γ のモデルならば，$M \models \psi_1 \wedge \cdots \wedge \psi_m$ なので，$M \models \forall \bar{x} \varphi(x)$ となる． □

定義の復習をしておく．

定義 5.2 (定義 4.5)　Γ を L-閉論理式の一つの集合，φ を L-閉論理式とする．任意の L-構造 M に対して，

$$M \models \Gamma \ \Rightarrow \ M \models \varphi$$

が成立するとき，$\Gamma \models \varphi$ と書く[3]．

定理 5.2 (完全性定理 (別表現))

$$\Gamma \vdash \varphi \iff \Gamma \models \varphi.$$

証明　健全性より ($\Rightarrow$) は明らかである．

($\Leftarrow$): $\Gamma \vdash \varphi$ でないとする．このとき，$\Gamma_1 = \Gamma \cup \{\neg\varphi\}$ は整合的になる (補題 5.1)．したがって，完全性定理により Γ_1 のモデル M が存在する．このとき $M \models \Gamma$ だが $M \models \neg\varphi$ である．したがって，$\Gamma \models \varphi$ ではない． □

注意 5.6　$\vdash$ はハングル文字で "a" と発音するらしい．また $\models$ は "ya" という発音らしい．韓国のロジッシャンから完全性定理の説明をするとき，「"a" と "ya" は同じなんだ」と言うとすごくうけるという話を聞いた．筑波大学で試したが，まったく反応がなかった．

[3] 同じ記号 $\models$ であるが，$M \models \varphi$ の場合と $\Gamma \models \varphi$ の場合では，異なる意味で用いられている．前者では $\models$ の左に来ているのは構造であり，後者では $\models$ の左に来ているのは論理式の集合である．注意が必要である．

5.4.2 コンパクト性定理

定理 5.3（コンパクト性定理） Γ を L-閉論理式の一つの集合とする．このとき次は同等である．

(1) Γ はモデルを持つ；

(2) Γ の任意の有限部分集合 Γ_0 はモデルを持つ．

証明 (1) $\Rightarrow$ (2) は自明である．

(2) $\Rightarrow$ (1): 対偶を示す．(1) でないとする．完全性定理により，Γ は整合的でない．すなわち，Γ から形式的体系を使って矛盾 $(\psi \wedge (\neg\psi))$ を導くことができる．形式的体系における証明は有限の長さなので，矛盾にいたる証明の中で使われている Γ の元 (論理式) は有限個である．それらを $\Gamma_0 = \{\psi_1, \ldots, \psi_m\}$ とすれば，その証明は Γ_0 から矛盾を導く証明になっている．健全性により，Γ_0 はモデルを持たない．これは (2) の否定が成立することを意味する．□

例 5.1（超準モデル） $L = \{0, 1, 2, \ldots, +, \cdot, <\}$ として，自然数全体の集合 $\mathbb{N}$ を自然に L-構造と見る．$\mathbb{N}$ と論理式では区別がつかないが，$\mathbb{N}$ と同型ではない M が存在する．

$\mathbb{N}$ で成立する L-閉論理式全体を Γ とする．c を新しい定数記号として，

$$\Gamma^* = \Gamma \cup \{0 < c,\ 1 < c,\ 2 < c,\ 3 < c,\ \ldots\}$$

とおく．Γ^* の任意有限部分 Γ_0 がモデルを持つことを示す．Γ_0 は

$$\Gamma_0 = \{\varphi_1, \ldots, \varphi_m\} \cup \{0 < c, \ldots, n < c\}$$

の形と思ってよい．ただし $\varphi_1, \ldots, \varphi_m \in \Gamma$ である．このとき $\mathbb{N} \models \varphi_1 \wedge \cdots \wedge \varphi_m$ である．また c の解釈を $n+1$ とすれば，$\mathbb{N} \models 0 < c \wedge \cdots \wedge n < c$ も成立する．コンパクト性定理により，Γ^* のモデル M が存在する．$M \models \Gamma$ なので，M と $\mathbb{N}$ は L-閉論理式では区別できない．しかし，M は無限大の元 (c^M) を持つので，$\mathbb{N}$ と同型でない．

定義 5.3（初等的クラス） $\mathcal{C}$ を L-構造の一つのクラスとする．$\mathcal{C}$ が初等的クラスであるとは，次が成立する Γ (L-閉論理式の集合) が存在することである．すなわち，任意の L-構造 M に対して，

$$M \in \mathcal{C} \iff M \models \Gamma.$$

例 5.2　L を群の言語 $\{e, * \cdot *, *^{-1}\}$ とする．

(1) 群の全体 (群になる L-構造全体) $\mathcal{G}$ は初等的クラスである．実際 Γ として群の公理 (論理式で書けることに注意) をとればよい．

(2) 有限群の全体 $\mathcal{F}$ は初等的クラスではない：背理法で示す．Γ が $\mathcal{F}$ を規定したとする．すなわち

(*) M が有限群 $\iff M \models \Gamma$

が成立する．次に Γ^* を，

$$\Gamma^* = \Gamma \cup \{\theta_n : n = 1, 2, \ldots\}$$

とする．ただし，θ_n は元が n 個以上存在することを主張する閉論理式である．明らかに，Γ^* の各有限部分はモデルを持つ．したがってコンパクト性により，Γ^* 全体にもモデルが存在する．$G \models \Gamma^*$ とする．このとき G は Γ を満たす無限群となり，(*) に反する．

注意 5.7　上の例と同じ論法で，次が証明できる．L を一般の言語とする．有限 L-構造全体のクラスは初等的クラスではない．

定理 5.4（レーベンハイム-スコーレムの定理）　次は同等である．

(1) Γ は無限モデルを持つ；

(2) Γ は任意に大きい無限モデルを持つ．(任意の無限集合 I に対して，$|M| \geq |I|$ となる $M \models \Gamma$ が存在する．)

証明　(1) $\Rightarrow$ (2) を示せばよい．定数記号の集合 $\{c_i : i \in I\}$ を用意して，

$$\Gamma^* = \Gamma \cup \{c_i \neq c_j : i \neq j \in I\}$$

とする．Γ^* の有限部分

$$\Gamma_0 = \{\varphi_1, \ldots, \varphi_m\} \cup \{c_{i_1}, \ldots, c_{i_n} \text{ は異なる}\}$$

を考える．ただし，$\varphi_i \in \Gamma$ である．$N \models \Gamma$ を無限モデルとする．$d_1, \ldots, d_n \in N$ を異なる元とする．N に $c_{i_j}^N = d_j$ なる解釈を付け加えた構造を N' とすれば，

$$N' \models \Gamma_0.$$

コンパクト性により，Γ^* のモデル M^* が存在する．$\Gamma^* \supset \Gamma$ により，$M^* \models \Gamma$．また c_i たちの解釈をすべて含み，それらはすべて異なるので，M^* の濃度は I の濃度以上である． □

注意 5.8 上の定理5.4は上向きレーベンハイム-スコーレム (Upward Löwenheim-Skolem) の定理と通常よばれる．濃度を大きく (上向きに) できるという意味である．

5.4.3 非可算言語の場合

L が非可算の場合には，C として，L と同じ濃度だけ定数記号を用意する必要がある．簡単に非可算言語に対する証明のポイントを説明する．Γ は整合的な閉論理式の集合として，その他の記号も可算言語の場合の議論と同様のものを用いる．基数，順序数，超限帰納法についての知識を仮定して説明する．

L の濃度を κ とする．κ 個の新しい定数記号 c_i $(i < \kappa)$ を用意して

$$L^* = L \cup C = L \cup \{c_i : i < \kappa\}$$

とする．L^* の濃度も κ であり，1 変数 L^*-論理式 $\varphi(x)$ たちは，やはり κ 個存在する．これらを 1 列に並べて，

$$\{\varphi_i(x) : i < \kappa\}$$

とする．このとき，φ_i の中の C-定数は番号が i 未満になっていると仮定できる．$i \leq \kappa$ に対して，

$$\Gamma_i = \{\exists x \varphi_j(x) \to \varphi_j(c_j) : j < i\}$$

とするとき，各 Γ_i が整合的になることは，超限帰納法により証明できる．整合的な集合 Γ_κ を，(L^* で) 極大な整合的な集合 Γ^* に拡大する．いまの場合も極大集合の存在は，ツォルンの補題により保証されている (むしろ可算の場合は，ツォルンの補題よりも少し弱い性質を使っても証明できる)．

Γ^* まで構成されると，後の議論は可算の場合とまったく同じである．

5.4.4　完全性定理の意味するもの

完全性定理は，普遍的に正しい命題は (述語論理の) 形式的体系で「証明」できることを主張する．形式的体系は普遍的に正しい公理と正しい推論のうちいくつかのパターンを具体的に抜き出して作ったわけだから，正しい結論が出てくるのはわかりやすい．完全性定理が主張しているのは，普遍的に正しい命題はその限られたルールだけから全部「証明」できることである．だから人間の論理のルールはそれだけでよい．よって人間の論理はそれらのルールにより完全に記述されると主張するわけである．

このことについて考える．普遍的に正しい命題という概念はこのままでは曖昧である．一方，形式的体系で「証明」できるという概念は数学的に厳密に定義された．したがって「曖昧な概念」と「厳密な概念」が一致するといっても，数学的に意味がある主張とはなり得ない．たとえば，高校生は直感的につながった関数として連続関数を捉える．大学生は連続関数を ε-δ で定義する．このとき，直感的な連続関数の概念と ε-δ による連続関数の概念は一致するか，という問いはナンセンスである．直感的な連続関数の概念が曖昧だからこそ，厳密に定義し直したわけである．

では，われわれの「普遍的に正しい」という概念は曖昧なままなのか．何か良い定義の仕方はないのか．そこで構造の概念が必要になる．「普遍的に正し

い」とはどんな状況でも正しいという意味なので，その状況という言葉を構造と捉えれば厳密に定義できる．また命題という部分も論理式として考える．そのようにすると，普遍的に正しい命題は形式的体系で「証明」できることが数学的に証明できるわけである．

最後に一つだけ注意をしておく．完全性定理 (定理 5.2) は基本的には二つの命題が同等になっているという形である．この同等性は単なる書き換えの同等性というものではない．数学の定理とよばれるものの中には，ほとんど単なる書き換えあるいは言い換えの類のものもある．しかし，完全性定理は本質的な数学の議論を経て始めて証明できるものである．それは定理の二つの命題 $\Gamma \models \varphi$ と $\Gamma \vdash \varphi$ の形を見てもわかる．$\Gamma \models \varphi$ は Γ の「任意」のモデルが φ を満たすという形をしている．一方 $\Gamma \vdash \varphi$ は Γ における φ の形式的証明が「存在」するという形をしている．「任意」型と「存在」型という二つのまったく異なる形の命題が同等になることをいっているわけである．

第 5 章の演習問題

5.1　Γ を L_0-閉論理式の整合的な集合とする．L を L_0 の拡大となる言語とするとき，Γ は L-論理式としても整合的になることを，完全性定理を用いて示せ．

5.2　c, d が定数記号として言語に入っているとする．論理式 $c = d$ は「証明」できないことを示せ．

5.3　L_0-閉論理式の集合 Γ_0 が整合的のとき，各 L_0-論理式 $\varphi(x)$ に対して，c_φ なる新しい定数記号を用意し

$$L_1 = L \cup \{c_\varphi\}_\varphi$$

とする．また

$$\Gamma_1 = \Gamma_0 \cup \{\exists x \varphi(x) \to \varphi(c_\varphi)\}_\varphi$$

とする．Γ_1 が整合的になることを示せ．

5.4　問題 5.3 の構成を続けることを考える．すなわち，帰納的に L_n と Γ_n を

作るとき，$\Gamma_\omega = \bigcup_{n\in\mathbb{N}} \Gamma_n$ が整合的になることを示せ．この Γ_ω をもとに，完全性を証明せよ．

第6章

完全性定理の応用—超準解析

完全性定理の数学への応用をめざす．前章の最後で完全性定理の系として，コンパクト性定理を証明した．数学への実際の応用においては，コンパクト性定理の適用という形が多い．

ここでは，コンパクト性定理を使って，実数の構造を拡大して，無限小が存在する構造を作る．この無限小を使うと微積分の初歩の部分を直観的に展開することが可能となる．無限小はただ一つ付加するのではなくて，無限個付加する．

6.1 $\mathbb{R}$ の 拡 大

$\mathbb{R}$ を実数の構造とする．ここで，言語を増やすことを考える．

- 各 $r \in \mathbb{R}$ に対して，定数記号 c_r を用意する．
- 各関数 $f : \mathbb{R}^n \to \mathbb{R}$ に対して，関数記号 F_f を用意する．
- 各集合 $X \subset \mathbb{R}^m$ に対して，述語記号 P_X を用意する．

いま，この言語を L とする．$\mathbb{R}$ は自然に L-構造と見ることができる．すなわち，次の自明な解釈を与える．

- ${c_r}^{\mathbb{R}} = r$,
- ${F_f}^{\mathbb{R}} = f$,
- ${P_X}^{\mathbb{R}} = X$.[1]

[1] $r \in \mathbb{R}$ には名前 c_r を与えるが，その名前の意味するところは自分自身とする．関数に f に名前 F_f を与えるが，その意味するところは自分自身としている．ごく当たり前のことをしても意義がないように感じるが，構造の拡大を行うと意義がわかってくる．

よく使う関数 $*+*$ (和), $*\cdot*$ (積), $|*|$ (絶対値) や大小関係 $*<*$ に対しても新しい記号を付け加えてもよいが，見にくくなるので，これらはそのまま使うことにする．いま

$$T = \{\varphi : \mathbb{R} \models \varphi,\ \varphi \text{ は } L\text{-閉論理式}\}$$

とする．$\mathbb{R}$ の性質を L-論理式で記述したものである．もちろん，$\mathbb{R}$ は T のモデルである．

ここで c を新しい定数記号として，

$$T^* = T \cup \{c \neq 0\} \cup \{|c| < c_r : r \in \mathbb{R},\ r > 0\}$$

とする．c は 0 でないが，どんな正の実数よりも絶対値が小さい，という主張を T に付け加えている．T^* のモデルをとれば，その中で c の解釈が無限小となる．そのためには次を示す必要がある．

主張 A　T^* の有限部分 T_0 は常にモデルを持つ．

$T_0 = \{\varphi_1, \ldots, \varphi_m\} \cup \{c \neq 0\} \cup \{|c| < r_1, \ldots, |c| < r_n\}$ としてよい．ただし，r_i たちは正の実数である．ここで，$d = \min\{r_1, \ldots, r_n\}/2$ として，c の解釈を d とすれば，$\mathbb{R}$ は T_0 のモデルとなる．　(主張 A の証明終)

したがって，コンパクト性定理により，T^* のモデル $\mathbb{R}^*$ が存在する．$T \subset T^*$ だから，$\mathbb{R}$ で成立するすべての L-閉論理式が $\mathbb{R}^*$ 上でも成立する．すなわち，L-閉論理式 φ に対して，

$$\mathbb{R} \models \varphi \iff \mathbb{R}^* \models \varphi$$

が常に成立している．$\mathbb{R}^*$ を使って $\mathbb{R}$ の性質を調べる手法を超準解析という．

主張 B　$\mathbb{R}$ は $\mathbb{R}^*$ に埋め込める．この埋め込みにより $\mathbb{R} \subset \mathbb{R}^*$ と思う．

$\sigma : \mathbb{R} \to \mathbb{R}^*$ を $\sigma(r) = {c_r}^{\mathbb{R}^*}$ で定義する．m 変数関数記号 $F_f \in L$ に対して，

$$\begin{aligned}\mathbb{R} \models F_f(r_1,\ldots,r_m) = s &\iff \mathbb{R} \models F_f(c_{r_1},\ldots,c_{r_m}) = c_s\\ &\iff F_f(c_{r_1},\ldots,c_{r_m}) = c_s \in T^*\\ &\iff \mathbb{R}^* \models F_f(c_{r_1},\ldots,c_{r_m}) = c_s\\ &\iff \mathbb{R}^* \models F_f({c_{r_1}}^{\mathbb{R}^*},\ldots,{c_{r_m}}^{\mathbb{R}^*}) = {c_s}^{\mathbb{R}^*}\\ &\iff \mathbb{R}^* \models F_f(\sigma(r_1),\ldots,\sigma(c_{r_m})) = \sigma(s).\end{aligned}$$

述語記号に対しても同様の同等性が証明できる．したがって，σ は $\mathbb{R}$ を $\mathbb{R}^*$ の中に同型に埋め込んでいる． (主張 B の証明終)

上の補題により，(r と $\sigma(r)$ を同一視することにより) $\mathbb{R} \subset \mathbb{R}^*$ と考える．また関数 ${F_f}^{\mathbb{R}^*}$ は f の拡張になる．${F_f}^{\mathbb{R}^*}$ を以下では f^* と略記する．同様に集合 $X \subset \mathbb{R}^m$ の拡大となる ${P_X}^{\mathbb{R}^*}$ は X^* と書く．当然 $+, \cdot$ なども $\mathbb{R}^*$ の上に拡張を持つが，よく使う関数や関係は見やすさを重視して，* をつけないでそのまま用いる．

主張 C（移行原理） L-論理式 $\varphi(x_1,\ldots,x_n)$, $r_1,\ldots,r_n \in \mathbb{R}$ に対して

$$\mathbb{R} \models \varphi(r_1,\ldots,r_n) \iff \mathbb{R}^* \models \varphi(r_1,\ldots,r_n).$$

次の同等性が成立する．

$$\begin{aligned}\mathbb{R} \models \varphi(r_1,\ldots,r_n) &\iff \varphi(c_{r_1},\ldots,c_{r_n}) \in T^*\\ &\iff \mathbb{R}^* \models \varphi(c_{r_1},\ldots,c_{r_n})\\ &\iff \mathbb{R}^* \models \varphi({c_{r_1}}^{\mathbb{R}^*},\ldots,{c_{r_n}}^{\mathbb{R}^*})\\ &\iff \mathbb{R}^* \models \varphi(\sigma(r_1),\ldots,\sigma(r_n))\end{aligned}$$

であるが，r と $\sigma(r)$ を同一視しているので，最後の条件は

$$\mathbb{R}^* \models \varphi(r_1,\ldots,r_n)$$

と同等である． (主張 C の証明終)

例題 6.1　$X \subset \mathbb{R}$ に対して，$X^* = P_X{}^{\mathbb{R}^*}$ を考える．$X^* \cap \mathbb{R} = X$ となることを示せ．

解　$r \in \mathbb{R}$ とする．このとき

$$r \in X \Leftrightarrow \mathbb{R} \models P_X(c_r) \Leftrightarrow \mathbb{R}^* \models P_X(c_r) \Leftrightarrow c_r{}^{\mathbb{R}^*} \in P_X{}^{\mathbb{R}^*} \Leftrightarrow r \in X^*$$

が成立する．最後の $\Longleftrightarrow$ は r と $c_r{}^{\mathbb{R}^*}$ の同一視による．よって，$X^* \cap \mathbb{R} = X$ が成り立つ． □

定義 6.1（無限小）　$a \in \mathbb{R}^*$ の絶対値が任意の $r \in \mathbb{R}^+ = \{x \in \mathbb{R} : 0 < x\}$ よりも小さいとき，a を無限小とよぶ．任意の $r \in \mathbb{R}^+$ よりも大きい $\mathbb{R}^*$ の元を正の無限大とよぶ．負の無限大も同様に定義する．無限大でないとき，有限であるという．

0 は無限小であるが，興味があるのは 0 でない無限小である．定数記号 c の解釈 $c^{\mathbb{R}^*}$ は 0 でない無限小である．また，$2c^{\mathbb{R}^*}, 3c^{\mathbb{R}^*}, \ldots$ などはすべて無限小である．したがって，$\mathbb{R}^*$ は $\mathbb{R}$ と L-論理式では区別できないが，無限小を無限個持つ構造となる．$\mathbb{R}^*$ の元を超実数という．

注意 6.1　$\mathbb{N} \subset \mathbb{R}$ なので，言語 L に部分集合 $\mathbb{N}$ を指し示す 1 変数述語記号 $P_{\mathbb{N}}$ がある．$\mathbb{R}^*$ において $P_{\mathbb{N}}$ を解釈した部分集合が $\mathbb{N}^*$ である．$\mathbb{N}^*$ に属する元を超自然数という．$\mathbb{R}$ で考えているとき，論理式 $P_{\mathbb{N}}(x)$ の省略形として，$x \in \mathbb{N}$ を用いる．また同じ論理式を $\mathbb{R}^*$ で考えているときは，$x \in \mathbb{N}^*$ という表記をする．

$\mathbb{N}^* \neq \mathbb{N}$ を示そう．$\mathbb{R} \models \forall x \exists y \in \mathbb{N}(y < x < y+1)$ であるから[2]，移行原理により，

$$\mathbb{R}^* \models \forall x \exists y \in \mathbb{N}^*(y < x < y+1)$$

である．$d = 1/c^{\mathbb{R}^*}$ は (正の) 無限大の元である．この d に対して，

$$\mathbb{R}^* \models n < d < n+1$$

[2] $\exists y \in \mathbb{N}(\psi(y))$ という表記は $\exists y(y \in \mathbb{N} \wedge \psi(y))$ の省略形である．

となる $n \in \mathbb{N}^*$ が存在する．$n \in \mathbb{N}^* \setminus \mathbb{N}$ である．またそれは無限大の自然数となる．よって $\mathbb{N}$ と $\mathbb{N}^*$ は異なる (同型にもならない)．

定義 6.2　$a, b \in \mathbb{R}^*$ に対して，$a - b$ が無限小となるとき，

$$a \approx b$$

と書く[3]．また「$a < b$ または $a \approx b$」の省略形として $a \lesssim b$ と書く．

補題 6.1

(1) $\approx$ は $\mathbb{R}^*$ 上の同値関係である．

(2) $\lesssim$ は推移性を満たす．

(3) $a \approx b \iff a \lesssim b \lesssim a$.

(4) さらに $a, b \in \mathbb{R}$ のとき，

　(a) $a \approx b \iff a = b$.

　(b) $a \lesssim b \iff a \leq b$.

(5) $a \approx b, c \approx d$ のとき，$a + c \approx b + d$. このことから，無限小と無限小の和は無限小となることがわかる．

(6) $a \approx b$ で c が有限ならば，$a \cdot c \approx b \cdot c$.

証明　(1) はほぼ明らかである．推移性だけを示す．$a \approx b \approx c$ を仮定する．示すべきは $a \approx c$ である．$r \in \mathbb{R}^+$ を勝手にとるとき，$|a - b|, |b - c| < r/2$ である．したがって，三角不等式により $|a - c| \leq |a - b| + |b - c| < r$ を得る．r は任意の正の実数だったので，$a \approx c$ を得る．

(2) $a \lesssim b \lesssim c$ として $a \lesssim c$ を示す．$a \approx b \approx c$ の場合と $a < b < c$ の場合は明らかである．$a \approx b < c$ で $b \not\approx c$ が考慮すべき典型的な場合である．このとき，$r \in \mathbb{R}^+$ が存在して，$b + r < c$. また $a \approx b$ より，$|a - b| < r/2$. よって $a < c$ を得る．

(3) ($\Rightarrow$) は明らかである．($\Leftarrow$) を示す．右辺が成立していて，$a \approx b$ でないとする．このとき，$a < b < a$ でなければならないが，これは不可能である．

(4a) 実数で無限小になるのは 0 だけである．(4b) $a \lesssim b$ のとき，$a \approx b$ で

[3] a が無限小であることは，$a \approx 0$ と同等になることに注意されたい．

あるか $a < b$ である．前者のとき，(4a) により $a = b$ である．

(5) $|(b+d) - (a+c)| \leq |b-a| + |d-c|$ より明らか．

(6) 省略．　□

まとめ

- $\mathbb{R}^*$ は $\mathbb{R}$ の真の拡大である．
- $\mathbb{R}^*$ の元で，任意の正の実数より小さい元を無限小という．
- 無限小 + 無限小 = 無限小，有限 × 無限小 = 無限小．

6.2 連続関数

命題 6.1　$a \in \mathbb{R}$ とする．関数 $f : \mathbb{R} \to \mathbb{R}$ に対して次は同等である．

(1) f は a において連続[4]である．

(2) 任意の無限小 ε に対して，$f^*(a+\varepsilon) \approx f^*(a)$.

証明　(1) ⇒ (2): f が a で連続とする．各自然数 $n \neq 0$ に対して，

$$\mathbb{R} \models \forall x \left[|x-a| < \delta_n \to |f(x) - f(a)| < \frac{1}{n} \right]$$

を満たす実数 $\delta_n > 0$ が存在する．移行原理から，$\mathbb{R}^*$ においても同じ論理式が成立する．すなわち，

$$\mathbb{R}^* \models \forall x \left[|x-a| < \delta_n \to |f^*(x) - f^*(a)| < \frac{1}{n} \right].$$

ここで x に $a+\varepsilon$ を代入すると，

$$\mathbb{R}^* \models |(a+\varepsilon) - a| < \delta_n \to |f^*(a+\varepsilon) - f^*(a)| < \frac{1}{n}.$$

仮定部分 $|(a+\varepsilon) - a| < \delta_n$ は成立するので，

$$\mathbb{R}^* \models |f^*(a+\varepsilon) - f^*(a)| < \frac{1}{n}$$

[4] f の a における連続性は次のように定義されている．$\mathbb{R} \models \forall\varepsilon > 0\, \exists\delta > 0\, \forall x\, (|x-a| < \delta \to |f(x) - f(a)| < \varepsilon)$.

が任意の n に対して成立することになる．このことは $f^*(a+\varepsilon) \approx f^*(a)$ を意味する．

(2) $\Rightarrow$ (1): f が a で連続でないとする．このとき，$\varepsilon > 0$ と関数 $g : \mathbb{N} \to \mathbb{R}$ で，

$$\mathbb{R} \models \forall x \in \mathbb{N} \left[|g(x) - a| < \frac{1}{x} \ \wedge \ |f(g(x)) - f(a)| > \varepsilon \right]$$

となるものが存在する．$\mathbb{R}^*$ においても同様の性質

$$\mathbb{R}^* \models \forall x \in \mathbb{N}^* \left[|g^*(x) - a| < \frac{1}{x} \ \wedge \ |f^*(g^*(x)) - f^*(a)| > \varepsilon \right]$$

が成立する．x に無限大の自然数 $b \in \mathbb{N}^* \setminus \mathbb{N}$ を代入すると，

$$\mathbb{R}^* \models |g^*(b) - a| < 1/b \ \wedge \ |f^*(g^*(b)) - f^*(a)| > \varepsilon$$

を得る．このとき，$|g^*(b) - a| < 1/b < r \ (\forall r \in \mathbb{R}^+)$ なので，$g^*(b) - a$ は無限小である．しかし，$f^*(g^*(b)) - f^*(a)$ は無限小ではない．よって (2) は成立しない．　□

注意 6.2　上の議論から次の同等性もわかる．

(1) $\lim_{x \to a} f(x) = b$.

(2) 任意の $a^* \in \mathbb{R}^* \setminus \{a\}$ に対して，$a^* \approx a \Rightarrow f^*(a^*) \approx b$.

次に一様連続性について述べたい．定義を復習しておく．

定義 6.3（一様連続）　$f : \mathbb{R} \to \mathbb{R}$ は次の条件を満たすとき，一様連続であるという．

$$\mathbb{R} \models \forall \varepsilon > 0 \, \exists \delta > 0 \, \forall x, y \big[|x - y| < \delta \to |f(x) - f(y)| < \varepsilon \big].$$

f が部分関数のときも，一様連続性は定義できる．

命題 6.2　関数 $f : \mathbb{R} \to \mathbb{R}$ に対して，次は同等である．

(1) f は一様連続である．

(2) 任意の $a, b \in \mathbb{R}^*$ に対して，

$$a \approx b \Rightarrow f^*(a) \approx f^*(b).$$

証明　(1) ⇒ (2): (1) を仮定する．各 $n \in \mathbb{N} \setminus \{0\}$ に対して，$\delta_n \in \mathbb{R}^+$ を以下のように選ぶ．

$$\mathbb{R} \models \forall x, y \left[|x - y| < \delta_n \to |f(x) - f(y)| < \frac{1}{n} \right].$$

同じ論理式は $\mathbb{R}^*$ でも成立する．すなわち，

$$\mathbb{R}^* \models \forall x, y \left[|x - y| < \delta_n \to |f^*(x) - f^*(y)| < \frac{1}{n} \right].$$

$a, b \in \mathbb{R}^*$ を $a \approx b$ なる元とする．このとき，

$$\mathbb{R}^* \models |a - b| < \delta_n \to |f^*(a) - f^*(b)| < \frac{1}{n}$$

が任意の n に対して成立する．しかし仮定部分は成立しているので，

$$\mathbb{R}^* \models |f^*(a) - f^*(b)| < \frac{1}{n}$$

が $n = 1, 2, \ldots$ で成り立つ．これは $f^*(a) \approx f^*(b)$ を示す．

(2) ⇒ (1): (1) でないとする．このとき，実数 $\varepsilon > 0$ と関数 $g : \mathbb{N} \to \mathbb{R}$, $h : \mathbb{N} \to \mathbb{R}$ で，

$$\mathbb{R} \models \forall x \in \mathbb{N}[|g(x) - h(x)| < \frac{1}{x} \wedge |f(g(x)) - f(h(x))| > \varepsilon]$$

が成立するものがある．よって，

$$\mathbb{R}^* \models \forall x \in \mathbb{N}^*[|g^*(x) - h^*(x)| < \frac{1}{x} \wedge |f^*(g^*(x)) - f^*(h^*(x))| > \varepsilon].$$

$k \in \mathbb{N}^* \setminus \mathbb{N}$ を x に代入すると，

$$\mathbb{R}^* \models |g^*(k) - h^*(k)| < \frac{1}{k} \wedge |f^*(g^*(k)) - f^*(h^*(k))| > \varepsilon.$$

$1/k$ が無限小になることに注意する．このとき，$a = g^*(k)$, $b = h^*(k)$ とおけば，

$$a \approx b,\ f^*(a) \not\approx f^*(b)$$

がわかる．これは (2) の否定を意味する．　□

例題 6.2

(1) $a \in R^*$ が有限の超実数 ($\mathbb{R}^* \models |a| < r$ となる $r \in \mathbb{R}$ が存在する) ならば，$a \approx b$ となる $b \in \mathbb{R}$ が存在する．この b は a の標準部分とよばれる．

(2) $f : [a,b] \to \mathbb{R}$ は有界閉区間 $[a,b]$ で定義された連続関数とする．このとき，f は一様連続となる．

(3) 連続関数 $f : [a,b] \to \mathbb{R}$ の値域 $\{f(d) : d \in [a,b]\}$ には最大値がある．

解　(1) $a \in \mathbb{R}$ ならば明らかなので，$a \in \mathbb{R}^* \setminus \mathbb{R}$ とする．このとき a は $\mathbb{R}$ のデデキント分割を与える．すなわち

$$A = \{r \in \mathbb{R} : \mathbb{R}^* \models r < a\},$$
$$B = \{r \in \mathbb{R} : \mathbb{R}^* \models a < r\}$$

がデデキント分割である．このとき，実数の連続性[5]により，A, B が一つの実数 $b \in \mathbb{R}$ を定める．議論の対称性から，$b \in B$ としてよい．このとき，任意の $r \in \mathbb{R}^+$ に対して，$b - r \in A$ なので，$b - r < a < b$ である．これは $a \approx b$ を示す．

(2) $c^*, d^* \in [a,b]^*$ を $c^* \approx d^*$ なる元とする．c^*, d^* は有限超実数なので，$c^* \approx c$, $d^* \approx d$ なる実数 c, d がある．このとき，補題 6.1(4) により $c = d$ である．f の連続性から

$$f^*(c^*) \approx f^*(c) = f^*(d) \approx f^*(d^*).$$

このことは f^* が一様連続になることを示す．

(3) $[a,b]$ を m 等分して，その左から n 番目の分点を $g(m,n)$ とする．有限個の分点

$$g(m,n) \quad (n = 0, \ldots, m)$$

[5]実数の連続性とは，「実数を上側と下側の二つの部分 (空でない) に分けるとき，下側に最大値があるか，上側に最小値があるかのいずれかである」という性質である．$\mathbb{R}^*$ はこの性質を持たない．

の中で f の値が最大になるものは存在するので，その分点を $h(m)$ とすると，

$$\mathbb{R} \models \forall m \in \mathbb{N} \forall n \in \mathbb{N} [0 \leq n \leq m \to f(g(m,n)) \leq f(h(m))]$$

が成り立つ．関数 $h : \mathbb{N} \to \mathbb{R}$ の $\mathbb{N}^*$ への拡大 h^* を考える．無限大自然数 m に対して $\alpha := h^*(m)$ を考えると，移行原理から，α はやはり分点たちの中で f の値が最大になる点を与えている．

$$\mathbb{R}^* \models \forall n \in \mathbb{N}^* [0 \leq n \leq m \to f^*(g^*(m,n)) \leq f^*(\alpha)].$$

(1) から，$\alpha \approx c$ なる点 $c \in \mathbb{R}$ が存在する．c が求める点である．これを示そう．

実数 $d \in [a,b]$ を任意にとる．この d は分割の小区間のいずれかに入るから，$d \approx g^*(m,i)$ となる $i \leq m$ がある．このとき f の連続性から，

$$f(d) \approx f^*(g^*(m,i)) \leq f^*(\alpha) \approx f(c).$$

よって，$f(d) \lesssim f(c)$ となり，両方が実数なので $f(d) \leq f(c)$ である．　□

命題 6.3（中間値の定理）　$a,b \in \mathbb{R}$, $a < b$ として，$f : [a,b] \to \mathbb{R}$ を連続関数とする．いま $f(a) < c < f(b)$ とすれば，$d \in \mathbb{R}$, $a < d < b$ で，

$$f(d) = c$$

となるものが存在する．

証明　$[a,b]$ を m 等分して，その左から n 番目の分点を与える関数を $g(m,n)$ とする．特に $g(m,0) = a$, $g(m,m) = b$ である．自然数の有限集合

$$X_m = \{n \in \mathbb{N} : n \leq m, f(g(m,n)) \leq c\}$$

は $f(a) < c < f(b)$ より空でない．また X_m の最大値が存在する．その最大値を与える関数を $h(m)$ とする．h の拡大 h^* を考え，$m \in \mathbb{N}^*$ として無限大超自然数をとる．移行原理から，$h^*(m)$ は超自然数の集合 X_m の最大値を与える．$g^*(m, h^*(m))$ に一番近い実数を $d \in [a,b]$ とする．このとき d が求めるものである．

$$f(d) \approx f(g^*(m, h^*(m))) \leq c < f(g^*(m, h^*(m) + 1)) \approx f(d)$$

より，$f(d) \approx c$ であるが，両方が実数なので，$f(d) = c$ を得る．また $f(a) < c < f(b)$ なので，$d \in (a, b)$ である． □

6.3 コンパクト集合

以下では，$\mathbb{R}$ の部分集合に対して議論するが，$\mathbb{R}^n$ や一般の位相空間に対しても，類似のことが成り立つ．

補題 6.2 $A \subset \mathbb{R}$ を開集合とする．このとき，$a \in A$, $a \approx b$ ならば $b \in A^*$ である．

証明 開集合の定義から，適当な $r \in \mathbb{R}^+$ を選ぶと，a の半径 r の開近傍は A 内にある．移行原理により，この事実は $\mathbb{R}^*$ でも成り立つ．よって，特に b は A^* 内にある． □

定義 6.4（コンパクト） $K \subset \mathbb{R}$ がコンパクトであるとは，K の任意の開被覆 $\{O_i : i \in I\}$（各 O_i は開集合で，$K \subset \bigcup_{i \in I} O_i$ となる）に対して，$K \subset \bigcup_{i \in F} O_i$ となる有限集合 $F \subset I$ が存在することである．

命題 6.4 $K \subset \mathbb{R}$ に対して次は同等である．

(1) K はコンパクト．

(2) 任意の $\alpha \in K^* \subset \mathbb{R}^*$ に対して，無限に近い（$a \approx \alpha$ となる）$a \in K$ が存在する．

証明 (1) ⇒ (2): (2) でないとする．a の ε-近傍を $U_\varepsilon(a)$ と書くとき，$\alpha \in K^*$ を以下のようにとれる．

(*) 任意の $a \in K$ に対して，$\alpha \notin U_{\varepsilon_a}(a)^*$ となる $\varepsilon_a \in \mathbb{R}^+$ が存在する．

$\{U_{\varepsilon_a}(a) : a \in K\}$ は K の開被覆であるから，K がコンパクトであれば，有限部分開被覆 $\{U_{\varepsilon_a}(a) : a \in F\}$ が存在する．このとき移行原理より，$\{U_{\varepsilon_a}(a)^* : a \in F\}$ は K^* の被覆となる．しかし，それは α の選び方に反する．

(2) ⇒ (1): K がコンパクトでないとする．K の開被覆 $\{O_i : i \in \mathbb{N}\}$ で有限個では K を覆えないものが存在する．このとき，

$$\mathbb{R} \models (\forall n \in \mathbb{N})(\exists x \in K)[\forall y \in \mathbb{N}(y \leq n \to \neg(x \in O_y))].$$

移行原理により同じ論理式は $\mathbb{R}^*$ でも成立する．よって $n^* \in \mathbb{N}^*$ を無限大自然数とすれば，適当な $\alpha \in K^*$ をとれて，

$$\mathbb{R}^* \models \forall y \in \mathbb{N}^*(y \leq n^* \to \neg(\alpha \in O_y^*))$$

となる．特に任意の $i \in \mathbb{N}$ に対して ($i \leq n^*$ なので) $\alpha \notin O_i^*$ となる．

主張　$\alpha \approx a \in K$ となる a は存在しない．

このような $a \in K$ が存在したとする．$a \in O_i$ となる $i \in \mathbb{N}$ がとれる．O_i は開集合なので，$a \in U_\varepsilon(a) \subset O_i$ なる $\varepsilon \in \mathbb{R}^+$ がとれる．このとき，$|\alpha - a| > \varepsilon$ となる．これは $\alpha \not\approx a$ を意味する．□

注意 6.3　上の議論では，開被覆の大きさを可算とした．$\mathbb{R}$ においては正しい議論である (第二可算公理)．しかし $\mathbb{R}^*$ を作るときに少し工夫することにより，一般の濃度の開被覆で同じ議論をすることができる．

例題 6.3　f を $\mathbb{R}$ 上の連続関数として，$K \subset \mathbb{R}$ を (空でない) コンパクト集合とする．f は K において最大値を持つことを以下の手順で示せ．

(1) n を無限大の自然数として，A を分母が n 以下の $\mathbb{Q}^*$ の元全体とする．$B = \{f^*(a) : a \in A \cap K^*\}$ に最大元 β が存在することを示せ．

(2) β を与える $A \cap K^*$ の元を α とするとき，$\alpha \approx a$ なる $a \in K$ が f の最大値を与える．

解　(1) 有限の n に対しては，分母が n 以下の有理数で K に属するものは有限個しかない．よって，それらの元の中で f の値が最大となるものは存在する．移行原理により，無限大の n に対しても，それらの中で f^* が最大となるものは存在する．

(2) コンパクト性から，$\alpha \approx a$ となる $a \in K$ は存在する (命題 6.4)．f の連続性から $f^*(\alpha) \approx f^*(a) = f(a)$ である．$d \in K$ を任意に与えるとき，無限に

近い $e \in A \cap K^*$ の元は常に存在するので，$f(d) \approx f^*(e) \lesssim f^*(\alpha) \lesssim f(a)$. 両端が実数なので，$f(d) \leq f(a)$ を得る． □

6.4 微分可能性

注意 6.2 から次は明らかである．

命題 6.5 $f : \mathbb{R} \to \mathbb{R}$ および $a, \alpha \in \mathbb{R}$ について以下は同等である．

(1) f は $x = a$ で微分可能で，$f'(a) = \alpha$ である．

(2) 任意の無限小 $\varepsilon \in \mathbb{R}^* \setminus \{0\}$ に対して，

$$\frac{f^*(a+\varepsilon) - f^*(a)}{\varepsilon} \approx \alpha.$$

注意 6.4

(1) $\alpha \in \mathbb{R}$ とする．もし f の微分可能性がすでにわかっていれば，$f'(a) = \alpha$ であることと，適当な無限小 $\varepsilon \in \mathbb{R}^* \setminus \{0\}$ に対して，

$$\frac{f^*(a+\varepsilon) - f^*(a)}{\varepsilon} \approx \alpha$$

となることは同等である．

(2) 命題 6.5 により，$f'(a) = \alpha$ であることは，任意の 0 でない $\varepsilon \approx 0$ に対して，

$$\frac{f^*(a+\varepsilon) - f^*(a) - \alpha\varepsilon}{\varepsilon} \approx 0$$

となることと同等になることはすぐわかる．この形にすると，$f(x)$ の $x = a$ での微分可能性は，「$f(x)$ が 1 次式 (直線 $y = f(a) + \alpha x$) でよく近似されること」を意味しているのがわかる．

命題 6.6（平均値の定理） $f : [a, b] \to \mathbb{R}$ は連続で，開区間 (a, b) で微分可能とする．このとき，$f'(c) = \dfrac{f(b) - f(a)}{b - a}$ となる $c \in (a, b)$ が存在する．

証明 簡単のために $f(a) = f(b) = 0$ とする．また f が定数関数の場合は明らかなので，f は定数関数ではないとする．さらに f が正になる場所がある

としてよい．$f'(c) = 0$ となる点 c の存在を示せばよい．f の最大値を与える点を $c\,(a < c < b)$ とすれば，c が求める点である．移行原理から c は f^* でも最大値を与えるので，正の無限小 ε に対して，

$$\frac{f^*(c-\varepsilon) - f^*(c)}{\varepsilon} \leq 0 \leq \frac{f^*(c+\varepsilon) - f^*(c)}{\varepsilon}.$$

不等式の両端は $f'(c)$ に無限に近いので，$f'(c) = 0$ を得る．　□

6.5　積　　分

定義 6.5（無限小分割）　$a, b \in \mathbb{R}$ とする．$\delta : \mathbb{N} \times \mathbb{N} \to [a, b]$ が区間 $[a, b]$ の無限小分割であるとは，

(1) 各 $n \in \mathbb{N}$ に対して，$\delta(n, x)$ が単調増加，

(2) $\delta(n, 0) = a$, $\delta(n, n) = b$,

(3) $\lim_{n \to \infty} \max\{|\delta(n, i+1) - \delta(n, i)| : i \leq n\} = 0$

となることである．また，$c : \mathbb{N} \times \mathbb{N} \to \mathbb{R}$ が無限小分割 δ の選出関数であるとは，$i < n \in \mathbb{N}$ に対して，$c(n, i) \in [\delta(n, i), \delta(n, i+1)]$ となることである．

注意 6.5　δ は $\mathbb{R}^*$ への拡張を持ち，これも δ と略記すると，無限大超自然数 n^* に対して，

$$a = \delta(n^*, 0) < \delta(n^*, 1) < \cdots < \delta(n^*, n^*) = b$$

であり，$\delta(n^*, i+1) \approx \delta(n^*, i)$ となるので，無限小分割という言葉が妥当なことがわかる．また選出関数 c の拡張は，$c(n^*, i) \in [\delta(n^*, i), \delta(n^*, i+1)]^*$ $(\forall i)$ となり，分割の無限小区間から1点を取り出している．

$$\Delta = \{\delta(n^*, 0) < \delta(n^*, 1) < \cdots < \delta(n^*, n^*)\}$$

が無限小分割である，という言い方も今後用いる．

$f : [a, b] \to \mathbb{R}$ を連続関数とする．無限小分割 δ および選出関数 c に対して，有限の $n \in \mathbb{N}$ を与えると，

$$\sum_{i<n} f(c(n, i))(\delta(n, i+1) - \delta(n, i))$$

は積分の近似である．この値は $n \to \infty$ で積分値 $\int_a^b f(x)dx$ に収束する．したがって，次を得る．

命題 6.7　連続関数 $f : [a,b] \to \mathbb{R}$ および $\alpha \in \mathbb{R}$ について以下は同等である．

(1) $\int_a^b f(x)dx = \alpha$.

(2) $[a,b]$ の任意の無限小分割 δ，選出関数 c，および無限大自然数 n^* に対して

$$\sum_{i<n^*} f^*(c(n^*,i))(\delta(n^*,i+1) - \delta(n^*,i)) \approx \alpha$$

である．

(3) $[a,b]$ の適当な無限小分割 δ，選出関数 c，および無限大自然数 n^* に対して

$$\sum_{i<n^*} f^*(c(n^*,i))(\delta(n^*,i+1) - \delta(n^*,i)) \approx \alpha$$

である．

命題 6.8　$f : [a,b] \to \mathbb{R}$ を連続関数として，$g : [c,d] \to [a,b]$ を全単射 C^1 級関数[6]，$g(c) = a$, $g(d) = b$ とする．このとき，

$$\int_a^b f(x)dx = \int_c^d f(g(t))g'(t)dt$$

が成り立つ．

証明　区間 $[c,d]$ の無限小分割 $\Delta = \{\delta_0 < \cdots < \delta_{n^*}\}$ を一つとる．このとき，$\Delta' = \{g^*(\delta_0) < \cdots < g^*(\delta_{n^*})\}$ は区間 $[a,b]$ の無限小分割になっている．いま Δ の選出関数 c は

$$(g')^*(c_i) \cdot (\delta_{i+1} - \delta_i) = g^*(\delta_{i+1}) - g^*(\delta_i)$$

となるように選んでおく．このとき，

---

[6] 導関数が連続になる関数のことを C^1 級関数という．

$$\begin{aligned}\int_c^d f(g(t))g'(t)dt &\approx \sum_{i\le n^*} f^*(g^*(c_i))(g')^*(c_i)(\delta(i+1)-\delta(i))\\ &= \sum_{i\le n^*} f^*(g^*(c_i))(g^*(\delta(i+1))-g^*(\delta(i)))\\ &\approx \int_a^b f(x)dx.\end{aligned}$$

上の式変形で，両端は実数値なので等号を得る．　□

6.6 重　積　分

$\mathbb{R}^2$ における C^1 級閉曲線 C で囲まれた領域 D での重積分について考える．

D を三角形からなる集合族で覆うことを考える．$\mathbb{R}^2$ の部分集合からなる集合族 $\Delta = \{\Delta(i) : i \le n^*\}$ が D の無限小三角形被覆であるとは，直観的には次のことを意味している．

(1) $D \subset \bigcup_{i\le n^*} \Delta(i)$.

(2) $\Delta(i) \cap D \ne \varnothing$ $(\forall i \le n^*)$.

(3) 各 $\Delta(i)$ は $(\mathbb{R}^*)^2$ の無限小三角形であり，二つの無限小三角形が交わるときは，共通部分は丁度それらの頂点か辺になる．

これをより正確に行うためには，三角形は頂点によって決まることを考慮して，次のように定義する．

定義 6.6（無限小三角形被覆） $\Delta : \{(n,i) \in \mathbb{N}\times\mathbb{N} : i \le n\} \to (\mathbb{R}^2)^3$ が $D \subset \mathbb{R}^2$ の無限小三角形被覆であるとは，

(1) 各 $\Delta(n,i)$ の定める三角形は必ず D と共通部分を持つ．

(2) D は $\mathrm{int}(\bigcup_{0\le i\le n} D(n,i))$（内核）に含まれる．

(3) $\Delta(n,i)$, $\Delta(n,j)$ $(i \ne j)$ の定める二つの三角形の共通部分は空であるか，頂点であるか，辺である．

(4) $\lim_{n\to\infty}$ ($\Delta(n,i)$ の辺の最大値) $= 0$.

さらにこの被覆が

(5) D の境界と交わりを持つ $\Delta(n,i)$ たちの面積和の極限 $(n \to \infty)$ は 0 で

ある．

を満たすとき，D の無限小三角形分割という．

補題 6.3 $D \subset \mathbb{R}^2$ を連続関数で挟まれた縦線集合 (2 次元セル)[7] とする．このとき，D の任意の無限小三角形被覆は無限小三角形分割になる．

証明 $f : [0,1] \to \mathbb{R}$ を連続関数とする．無限小三角形被覆 Δ において，その三角形の個数 n^* を無限大自然数としておく．グラフ f^* と共通部分を持つ無限小三角形全体を $\Delta_0 \subset \Delta$ とするとき，Δ_0 に属する三角形の面積和 ≈ 0 を示せばよい．$a_0 < \cdots < a_n$ を $[0,1]$ の n 等分点とする．与えられた $\varepsilon > 0$ に対して，一様連続性から，n を十分大きくとれば，$\mathbb{R}$ において，

$$f \subset \bigcup_{i<n} [a_i, a_{i+1}] \times (f(a_i) - \varepsilon, f(a_i) + \varepsilon)$$

となる．移行原理により，$\mathbb{R}^*$ でも同じ式が成立する．よって両端に関係する三角形を除いて Δ_0 は右辺に含まれる．両端の三角形の面積和は無限小である．また右辺の面積は 2ε である．ε は任意であったから，Δ_0 の面積和 ≈ 0 を得る．□

以下では，考える 2 次元領域は上のよい性質 (境界部分の「面積」が小さい) を持つとする．無限小分割の無限小三角形 $\Delta(n^*, i)$ の面積を $s(n^*, i)$ と書く．また各無限小三角形から 1 点を選ぶ関数を選出関数とよぶ．このとき次の命題は 1 次元の積分とまったく同じ議論で証明できる．

命題 6.9 連続関数 $f : D \to \mathbb{R}$ および $\alpha \in \mathbb{R}$ について次は同等である．

(1) $\displaystyle\iint_D f(x,y)dxdy = \alpha.$

(2) D の任意の無限小三角形分割 Δ およびその選出関数 c に対して，

$$\sum_{i \le n^*} f^*(c(i))s(n^*, i) \approx \alpha.$$

(3) D の適当な無限小三角形分割 Δ およびその選出関数 c に対して，

$$\sum_{i \le n^*} f^*(c(i))s(n^*, i) \approx \alpha.$$

---

[7] 二つの連続関数 $f, g : [a,b] \to \mathbb{R}$ に挟まれた部分．

命題 6.10（変数変換）　$D, E \subset \mathbb{R}^2$ とする．関数 $(f,g) : D \to E$, $(u,v) \mapsto (f(u,v), g(u,v))$ が全単射 C^1 級とする．このとき，連続関数 $F : E \to \mathbb{R}$ に対して，

$$\iint_E F(x,y)dxdy = \iint_D F(f(u,v), g(u,v)) \left\| \begin{matrix} f_u & f_v \\ g_u & g_v \end{matrix} \right\| dudv.$$

証明　D の無限小三角形分割 $\Delta = \{\Delta(i) : i \leq n^*\}$ をとる．このとき，$\Delta(i)$ の辺の長さは $1/\sqrt{n^*}$ 程度 (以下) と仮定してよい[8]．Δ は (f,g) により E の無限小三角形分割に移る．$(u_0,v_0),(u_1,v_1),(u_2,v_2)$ を頂点とする無限小三角形 $\Delta(i)$ に注目すると，それは

$$((f(u_0,v_0), g(u_0,v_0)),\ (f(u_1,v_1), g(u_1,v_1)),\ (f(u_2,v_2), g(u_2,v_2)))$$

を頂点とする無限小三角形 $(f,g)(\Delta(i))$ に移っている．f と g は全微分可能であるから，

$$\begin{aligned} f(u_1,v_1) &= f(u_0,v_0) + f_u(u_0,v_0)\alpha_1 + f_v(u_0,v_0)\beta_1 + \varepsilon_1, \\ g(u_1,v_1) &= g(u_0,v_0) + g_u(u_0,v_0)\alpha_1 + g_v(u_0,v_0)\beta_1 + \varepsilon_2, \\ f(u_2,v_2) &= f(u_0,v_0) + f_u(u_0,v_0)\alpha_2 + f_v(u_0,v_0)\beta_2 + \varepsilon_3, \\ g(u_2,v_2) &= g(u_0,v_0) + g_u(u_0,v_0)\alpha_2 + g_v(u_0,v_0)\beta_2 + \varepsilon_4 \end{aligned}$$

を得る．ただし，$\alpha_k = u_k - u_0$, $\beta_k = v_k - v_0$ であり，ε たちは $|\alpha| + |\beta|$ たちに比して無限に小さい．よって $1/\sqrt{n^*}$ よりも無限に小さい．上の式を行列の形で書けば，

$$\begin{pmatrix} \triangle f_1 - \varepsilon_1 & \triangle f_2 - \varepsilon_3 \\ \triangle g_1 - \varepsilon_2 & \triangle g_2 - \varepsilon_4 \end{pmatrix} = \begin{pmatrix} f_u & f_v \\ g_u & g_v \end{pmatrix} \begin{pmatrix} \alpha_1 & \alpha_2 \\ \beta_1 & \beta_2 \end{pmatrix}.$$

ここで，$\triangle f_1 = f(u_1,v_1) - f(u_0,v_0)$ などである．上式の両辺の行列式の絶対値をとれば，

---

[8] 縦横を m^* 等分する正方形分割を半分にして三角形を作ると，辺の長さは $1/m^*$ 程度で，三角形は $2 \cdot (m^*)^2$ 個だけできる．

$$\left\|\begin{matrix} \triangle f_1 & \triangle f_2 \\ \triangle g_1 & \triangle g_2 \end{matrix}\right\| + (\triangle \cdot \varepsilon) + (\varepsilon \cdot \varepsilon) = \left\|\begin{matrix} f_u & f_v \\ g_u & g_v \end{matrix}\right\| \cdot \left\|\begin{matrix} \alpha_1 & \alpha_2 \\ \beta_1 & \beta_2 \end{matrix}\right\| \tag{6.1}$$

となる．ただし $\triangle \cdot \varepsilon$ は $\triangle f_j \cdot \varepsilon_k$ などの形の (正負をつけた) 和を示している．$\varepsilon \cdot \varepsilon$ は $\varepsilon_j \cdot \varepsilon_k$ たちの (正負をつけた) 和である．このとき次に注意する．

(1) $\left|\begin{matrix} \triangle f_1 & \triangle f_2 \\ \triangle g_1 & \triangle g_2 \end{matrix}\right|$ の絶対値は無限小三角形 $(f,g)(\Delta(i))$ の面積の 2 倍である．

(2) $\left|\begin{matrix} \alpha_1 & \alpha_2 \\ \beta_1 & \beta_2 \end{matrix}\right|$ の絶対値は無限小三角形 $\Delta(i)$ の面積の 2 倍である．

式 (6.1) をすべての $i \leq n^*$ について考えて，$(f,g)(\Delta(i))$ の頂点の F-値を乗じて，それらの和をとる．このとき，

- 左辺の第 1 項の和は $\approx 2\iint_E F(x,y)dxdy$ となる．また，
- 右辺の和は $\approx 2\iint_D F(f(u,v),g(u,v)) \left\|\begin{matrix} f_u & f_v \\ g_u & g_v \end{matrix}\right\| dudv$ となる．

C^1 性から，$\triangle f_i$, $\triangle g_i$ たちの大きさも $1/\sqrt{n^*}$ 程度 (以下) である．また ε たちは $1/\sqrt{n^*}$ より無限に小さかったので，$\triangle \cdot \varepsilon$ たちを n^* 個集めても無限小である ($\varepsilon \cdot \varepsilon$ はさらに小さい)．よって

$$\iint_E F(x,y)dxdy \approx \iint_D F(f(u,v),g(u,v)) \left\|\begin{matrix} f_u & f_v \\ g_u & g_v \end{matrix}\right\| dudv$$

を得る．両辺が実数なので，等号が成立する．　□

第 6 章の演習問題

6.1　$f:\mathbb{R} \to \mathbb{R}$ が $a \in \mathbb{R}$ で微分可能のとき，a で連続になることを示せ．

6.2　論理式 $\varphi(x)$ に対して次が同値になることを示せ．

(1) $\mathbb{R} \models \forall x \in \mathbb{N} \exists y \in \mathbb{N}(x \leq y \wedge \varphi(y))$.

(2) $\mathbb{R}^* \models \varphi(n^*)$ となる無限大自然数 n^* が存在する．

6.3　論理式 $\varphi(x)$ に対して次が同値になることを示せ．

(1) $\mathbb{R} \models \exists x \in \mathbb{N} \forall y \in \mathbb{N}(x \leq y \to \varphi(y))$.

(2) $\mathbb{R}^* \models \varphi(n^*)$ がすべての無限大自然数 n^* に対して成立する．

6.4　$\Phi(x) = \{\varphi_i(x) : i \in \mathbb{N}\}$ を論理式の集合とする．$\Phi(x)$ の任意の有限部分集合が $\mathbb{R}$ に解を持つとき，$\Phi(x)$ 全体は $\mathbb{R}^*$ に解を持つことを示せ．

あとがき

「数理論理学は数学の役に立つか？」と問われると困る．ここで役に立つという意味は二つあると思う．一つの解釈では，

- 数理論理学を学ぶと数学の議論の仕方がよくわかり，数学がよりよく理解できるか？

という問いになる．この問いは「早寝早起きは数学の役に立つか？」という問いに近い．この場合には，「直接に数学の役には立たないが，体にはよいのでやってみたらどうだろう」という答えが思いつく．数理論理学の場合も，本書を読んで数理論理学を学んだからといって，数学の議論の仕方に対して理解が深まるとは思えない．むしろ，数学の議論の仕方をある程度理解できている人でなければ，数理論理学を理解できない，[1]というのが本当のところだと思う．

そして問いのもう一つ解釈は

- 数理論理学は数学に応用が可能か？

である．この場合の答えは，もちろん「はい」である．実際に本書では，超準解析という形で応用の具体例を述べている．無限小 ε は，0 ではないが，絶対値がどんな正の実数よりも小さな数であり，そのようなものは実数の世界に存在するわけがない．しかし，一見矛盾しているように見える論理式の集合

$$\{0 < \varepsilon < \frac{1}{n} : n \in \mathbb{N} \setminus \{0\}\}$$

からは形式的体系では矛盾が出てこないので，そのモデルが存在する．この部分の議論がまさに完全性に依存している．

数理論理学の初歩で最も基本的な二つの定理，完全性定理と不完全性定理の

[1] こういうことは「まえがき」に書くべきかも知れないが，本書を購入する人が減るのが怖くて書けなかった．

うち，完全性定理について述べたのが本書である．本書を読み終えた読者が，さらに数理論理学を学びたい場合は，何に具体的な興味があるかで，次のステップが異なる．本書で述べなかった不完全性定理は，ぜひ一度は学んでいただきたい内容であるが，その他にも数理論理学の代表的な分野として次のものがある．

(1) 証明論

(2) 集合論

(3) モデル理論

(4) 帰納的関数論

証明論は文字通り形式的な「証明」を研究する分野である．本書の論理の体系以外にも，世の中には無数の体系があり，表現能力や証明能力が強いものから弱いものまで多数存在する．一つひとつの体系は何らかの数学的な主義や思想を表現していることが多い．最近では，計算機科学とのかかわりも多い分野である．本書の第1章で説明した濃度や基数というものに興味がある読者は，ぜひ集合論を学んでほしい．トポロジー，無限組み合わせ論などは集合論と大きく関係している．帰納的関数論はもともとは，ゲーデルやチューリング，チャーチなどの仕事がもとになり，人間が具体的に計算できる関数の研究から始まっている．しかし最近ではもっと広い範囲での計算可能な関数の研究も行われているようである．モデル理論は，第3章の内容に関係している．数学的構造の一般論の側面があるが，最近では具体的な構造を研究する場合にも，モデル理論を適用することの有用性がわかってきている．

本書を読んだ読者が数理論理学に興味を持ち，次のステップに進んでいただければ，著者は非常に幸いに思います．

参考文献

[1] 新井 敏康,『数学基礎論』, 岩波書店 (2011).

[2] 鹿島 亮,『数理論理学』(現代基礎数学), 朝倉書店 (2009).

[3] 嘉田 勝,『論理と集合から始める数学の基礎』, 日本評論社 (2008).

[4] 齋藤 正彦,『数学の基礎—集合・数・位相』(基礎数学 14), 東京大学出版会 (2002).

[5] 田中 一之（編),『ゲーデルと 20 世紀の論理学（ロジック)』〈2〉完全性定理とモデル理論, 東京大学出版会 (2006).

[6] 坪井 明人（著), 倉田 令二朗（監修),『モデルの理論』(数学基礎論シリーズ 3), 河合文化教育研究所〔発行〕河合出版〔発売〕(1997).

[7] 本橋 信義,『論理学は数学の役に立つか?—新しい論理学の構築』, 遊星社 (2006).

[8] Chang, Chen Chung and Keisler, H. Jerome, *Model Theory* (Studies in Logic and the Foundations of Mathematics)（第 3 版), North-Holland, 1990.

[9] Davis, Martin, *Applied Nonstandard Analysis* (復刻版), Dover Publications, 2005.

[10] Enderton, Herbert B., *A Mathematical Introduction to Logic* (第 2 版), Academic Press, 2000.

[11] Jech, Thomas J., *Set Theory* (Springer Monographs in Mathematics) (第 3 版), Springer-Verlag, 2002.

[12] Halmos, Paul R., *Naive Set Theory* (Undergraduate Texts in Mathematics), Springer-Verlag, Berline; 1998.

[13] Shoenfield, Joseph R., *Mathematical Logic*, Addison-Wesley Pub. Co., 1967.

以上は，一応 10 秒以上開いた本から選んである[1]．非常に専門的なものは排除してある．本書を補完する意味を持つものや，本書を読み終えた後にさらに数理論理学を学ぶために読むものなど，必ずしも一定の基準ではない．ぜひ薦めるという観点で選んだものもあるし，別の観点から選んだものもある．

[1] は数理論理学の各分野をカバーする力作である．[2] は証明論の視点，計算機科学への応用の視点を考慮して書かれている．[3] は集合論の専門家がや

[1]正確に 10 秒のものも含まれる．

さしく説いた集合の本である．[4] は論理学の本というよりも，重要な数学的対象であるが通常は詳しく議論されることがない対象を（しつこいくらい）詳しく書いた本である．例えば実数の構成に関して非常に詳しく書かれている．[5] は 4 部作のうちの一つである．[6] はモデル理論の中の安定性理論という分野の入門書．[7] は独自の視点（ただしあまり一般的でない視点）で論理について熱く語っている．[8] は標準的なモデル理論の入門書．本書で採用した論理の形式的体系は [8] で説明されているものと本質的に同じものである．ページ数がかなり多いので，必要に応じて参考にするという読み方が適当かも知れない．[9] は第 6 章を書く際に大いに参考にした．[10] は欧米における標準的な論理学の入門書．基礎的な部分から書かれているので，本書を読まずとも直接読むことはできる．ゲーデルの不完全性定理についても書かれている．評価の高い本であるが，意味を一所懸命に文章（英語）で説明しているので，英語の不得意な読者は逆に意味がとりづらい側面もあるかも知れない．[11] は標準的な公理的集合論の教科書．[12] は学部程度の集合論の教科書．素朴集合論というタイトルだが，公理的な扱いも見られる．[13] は Enderton の教科書が出る前の標準的な論理学の教科書．現在と記法の違いが多少気になる．

演習問題解答

第 1 章の演習問題

1.1 $\varnothing$ に属する元はないので，自明に $\varnothing \subset A$ が成立する．

1.2 A^2 の元は (a,b) $(a,b \in A)$ の形をしている．これらは全部で n^2 個だけある．

1.3 $(a,b) \in A \times \varnothing$ とすれば，$b \in \varnothing$ でなければならない．しかし空集合には元がないので，これは不可能である．

1.4 $A \times B$ の元は (a,b) $(a \in A,\ b \in B)$ の形をしている．いま $A \subset X, B \subset Y$ なので，$a \in X, b \in Y$ を得る．したがって，$(a,b) \in X \times Y$ である．

1.5 $B = \varnothing$ とすれば，他の集合の包含関係によらずに，$A \times B = \varnothing \subset X \times Y$ を得る．

1.6 (1) $A + B$ の定義から可換性は明らか．

$$A + \varnothing = (A \setminus \varnothing) \cup (\varnothing \setminus A) = A \cup \varnothing = A,$$

$$A + A = (A \setminus A) \cup (A \setminus A) = \varnothing \cup \varnothing = \varnothing.$$

(2) のヒント：$A + (B + C)$ に属する元は，A, B, C のどれか一つだけに属する元か A, B, C のすべてに属する元である．$(A + B) + C$ についても同様である．

1.7 (1) 反射性，対称性，推移性を確かめればよい．

(2) $[0]_E = [1]_E = \{0,1\}$, $[2]_E = \{2\}$, $[3]_E = \{3\}$ より，$A/E = \{\{0,1\},\{2\},\{3\}\}$ である．

1.8 反射性：$f(a) = f(a)$ より $a \sim a$ を得る．$f(a) = f(b)$ のとき $f(b) = f(a)$ なので対称性も明らか．推移性も等号の推移性から得られる．

1.9 推移性だけを示しておく．$x\,G\,y$ かつ $y\,G\,z \Rightarrow (x,y),(y,z) \in E \cap F \Rightarrow (x,y),(y,z) \in E$ かつ $(x,y),(y,z) \in F \Rightarrow (x,z) \in E$ かつ $(x,z) \in F \Rightarrow (x,z) \in E \cap F \Rightarrow x\,G\,z$.

1.10 $X/E = \{A_1, \ldots, A_k\}$ とする．いま $k < n$ である．$X = A_1 \cup \cdots \cup A_k$ なので，いずれかの A_i は元が二つ以上なければならない．

1.11 $\vec{x} = 1\vec{x}$ より反射性を得る．$\vec{x} = \lambda\vec{y}$ のとき $\vec{y} = (1/\lambda)\vec{x}$ なので対称性も成立する．$\vec{x} = \lambda\vec{y}, \vec{y} = \mu\vec{z}$ のとき，$\vec{x} = (\lambda\mu)\vec{z}$ を得る．したがって推移性も成立する．

第 2 章の演習問題

2.1 真理値表は次頁の通り．

2.2 (1) $1 - X$, (2) $X + Y - XY$, (3) $1 - X + XY$.

$((X$	$\to$	$Y)$	$\wedge$	$((\neg$	$X)$	$\to$	$Z))$	$\to$	$(Y$	$\vee$	$Z)$
0	1	0	0	1	0	0	0	1	0	0	0
0	1	0	1	1	0	1	1	1	0	1	1
0	1	1	0	1	0	0	0	1	1	1	0
0	1	1	1	1	0	1	1	1	1	1	1
1	0	0	0	0	1	1	0	1	0	0	0
1	0	0	0	0	1	1	1	1	0	1	1
1	1	1	1	0	1	1	0	1	1	1	0
1	1	1	1	0	1	1	1	1	1	1	1

2.3 $(A) \to (B)$ がトートロジーなので，A が真になるときは，必ず B も真になる．しかし A が常に真なので，B も常に真になる．

2.4 真理値表を書けばよい．

2.5 (1) $\bigwedge_{j\in J}(\bigvee_{k\in K} X_{jk})$ の真理値が 1 になるのは，各 $j \in J$ に対して，少なくとも一つの $k_j \in K$ が存在して，X_{jk_j} の値が 1 になっているときである．このとき，関数 $f : j \mapsto k_j$ をとれば，$(\bigwedge_{j\in J} X_{jf(j)})$ の値は 1 である．よって，$\bigvee_{f:J\to K}(\bigwedge_{j\in J} X_{jf(j)})$ の値も 1 になる．逆に $\bigvee_{f:J\to K}(\bigwedge_{j\in J} X_{jf(j)})$ が 1 のとき，いずれかの f に対して，$\bigwedge_{j\in J} X_{jf(j)}$ の値が 1 である．よってすべての j に対して，$X_{jf(j)}$ が 1 となる．これは $\bigwedge_{j\in J}(\bigvee_{k\in K} X_{jk})$ の値が 1 になることを示す．

(2) も同様の議論．

2.6 $v(X) = 1, v(Y) = 0$ とすれば，$v(X \wedge (\neg Y)) = 1$ となる．他の命題論理の論理式についても，真理値割り当てをうまくとれば，真理値を 1 にできる．しかし，$v(X \wedge (\neg Y)) = 1$ となる v は $v(X) = 1$ でなければならないが，$v((\neg X) \wedge Y) = 1$ とするためには，$v(X) = 0$ でなければならないので，最初と 2 番目の式の真理値を同時に 1 とすることはできない．よって最初の二つの命題論理の論理式からなる集合は充足的ではない．その他も同様の議論である．

2.7 X_i たちを命題変数として，A_i を $X_i \wedge \bigwedge_{j<i}(\neg X_j)$ とすれば，期待される性質を持つ．

第 3 章の演習問題

3.1 $t(x_1, \ldots, x_k)$ の構成に関する帰納法で示す．（すなわち L-項の帰納的定義において何番目のステップで構成されたかに注目する．）t が定数記号のときは変数を持たないので，置き換えできない．よって $t(u_1, \ldots, u_k)$ は t 自身であり，L-項である．t が変数 x_i のときは，$t(u_1, \ldots, u_k)$ は u_i であり，L-項である．t が $F(t_1(x_1, \ldots, x_k), \ldots, t_l(x_1, \ldots, x_k))$ のとき，帰納法の仮定から $t_1, \ldots, t_l$ に u_i たちを代入したものは，それぞれ L-項になる．したがって L-項の定義から，$F(t_1(u_1, \ldots, u_k), \ldots, t_l(u_1, \ldots, u_k))$ が L-項になる．

3.2 上と同じ議論.

3.3 $(\forall y\varphi(x,y)) \to \varphi(x,y)$ および $(\forall x(\forall y\varphi(x,y))) \to \forall y\varphi(x,y)$ は $\forall$ に関する論理の公理である．よって三段論法により，$(\forall x(\forall y\varphi(x,y))) \to \varphi(x,y)$ が「証明」できる．一般化を使うと

$$\forall y[(\forall x(\forall y\varphi(x,y))) \to \varphi(x,y)]$$

が「証明」できる．また

$$\forall y[(\forall x(\forall y\varphi(x,y))) \to \varphi(x,y)] \to [(\forall x(\forall y\varphi(x,y))) \to \forall y(\varphi(x,y))]$$

も $\forall$ に関する公理である．これら二つに MP を適用すれば，$\forall x(\forall y\varphi(x,y)) \to \forall y(\varphi(x,y))$ が「証明」できることがわかる．もう一度同じ議論をすれば，$\forall x(\forall y\varphi(x,y)) \to \forall x(\forall y(\varphi(x,y)))$ が「証明」できることがわかる．

3.4 対称性 $x=y \to y=x$ が「証明」できる（すでに示してある）．次に等号の公理(3) から

$$y=x \to (P(y) \to P(x))$$

が「証明」できる．これらから，三段論法により，$x=y \to (P(y) \to P(x))$ が「証明」できることがわかる．

3.5 等号の公理 (3) において，$\varphi(u,x)$ として $t(x)=t(u)$ を考える．このとき，公理は次の形（を $\forall$ で縛ったもの）

$$x=y \to (t(x)=t(x) \to t(x)=t(y))$$

である．これと等号の公理 (1) により，$x=y \to t(x)=t(y)$ を得る．

3.6 一般化を 1 回だけ使った「証明」は一般化を使わない「証明」に書き直せることを「証明」の長さに関する帰納法で示せばよい．いま φ から $\forall x\varphi$ を一般化により「証明」する場面を考える．このとき，φ 自体は MP によって導かれているとしてよい．したがって「証明」の最後の部分は次の形になっている．

$$\dfrac{\dfrac{\begin{matrix}\vdots & \vdots\\ \psi & \psi\to\varphi\end{matrix}}{\varphi}}{\forall x\varphi}$$

このとき，帰納法の仮定から $\forall x\psi$ および $\forall x(\psi \to \varphi)$ は一般化を使わないで「証明」できる．また $\forall x(\psi \to \varphi) \to (\forall x\psi \to \forall x\varphi)$ は新たに加えた論理の公理である．したがって，MP を使うと，$\forall x\psi \to \forall x\varphi$ が「証明」できる．これと $\forall x\psi$ から再び MP により $\forall x\varphi$ を得る．

第 4 章の演習問題

4.1 $F(c,c,F(c,c,d))$, $F(F(c,c,c),d,d)$ などがある．

4.2 最初に F が 1 回以下現れる項は c,d の形か $F(*,*,*)$ の形で，$*$ の部分に c または d が入る．これらは有限個しかない．次に F が 2 回以下現れる項は c,d であるか，または $F(*,*,*)$ の形で，$*$ の部分に F が 1 回以下現れる項が入る．これらも有限個しかない．

4.3 c の解釈 c^M の決め方は $0,1,2,3$ の 4 通りになる．同じく d^M の決め方も 4 通りである．M^3 の各元が F^M でどこに飛んでゆくかを決めれば F^M が決まる．したがって F^M の決め方は 4^{4^3} だけある．以上から構造の決め方は

$$4^2 \cdot 4^{4^3} = 4^{66}$$

通りある．ただし，これらの中には構造として本質的に同じもの（同型）が多く含まれる．

4.4 $U^{\mathbb{N}}$ の取り方は $\mathbb{N}$ の部分集合全体（$\mathbb{N}$ のべき集合）の濃度だけ存在する．よって非可算個の取り方が存在する．しかし，これらの中には同型なものがたくさんあり，同型なものを同じものと考えれば，可算個しかない．

4.5 $M \models \forall x E(x,x)$: x として $a \in \mathbb{Z}$ をとる．$a-a=0$ は偶数なので，$(a,a) \in E^M$ である．よって述語記号の解釈により，$M \models E(a,a)$ となる．$a \in M$ は任意にとってきていたので，任意記号 $\forall$ の解釈により，$M \models \forall x E(x,x)$ を得る．

$M \models \forall x \forall y(E(x,y) \to E(y,x))$: x,y として $a,b \in \mathbb{Z}$ をとる．$M \models E(a,b)$ とすると，$(a,b) \in E^M$．E^M の決め方から，$a-b$ が偶数となる．このとき，$b-a$ も偶数なので，$(b,a) \in E^M$ となり，$M \models E(b,a)$ を得る．以上から，$\to$ の解釈により，

$$M \models E(a,b) \to E(b,a)$$

を得る．$a,b \in M$ は任意だったので，$\forall$ の解釈により，$M \models \forall x \forall y(E(x,y) \to E(y,x))$ を得る．推移性についても同様の議論で示すことができる．

第 5 章の演習問題

5.1 Γ が，L_0-閉論理式の集合として整合的なので，完全性定理により，L_0-構造 M で $M \models \Gamma$ となるものが存在する．$L \setminus L_0$ に属する記号に対して，その解釈を M 上で任意に与える．この解釈を加えた L-構造を N とすると，

$$N \models \Gamma$$

である．健全性により，L-閉論理式の集合としての Γ も整合的である．

5.2 定数記号 c,d の解釈が異なる構造はいくらでもある．このことは，$c=d$ が「証明」可能でないことを示す．

5.3 背理法で示す．Γ_1 が整合的でなければ，有限個の $\varphi_1,\ldots,\varphi_n$ で

$$\Gamma_0 \cup \{\exists x \varphi_i(x) \to \varphi_i(c_{\varphi_i}) : i = 0, \ldots, n-1\} \vdash \exists x \varphi_n(x) \land \neg \varphi_n(c_{\varphi_n})$$

となる．n をこのような中で最小に選んでおけば，$\vdash$ の左辺は整合的になる．また $\neg\varphi(c_{\varphi_n})$ が「証明」できることから（一般化定理により），$\forall x \neg\varphi(x)$ も「証明」できることになる．これは，左辺の整合性に反する．

5.4 整合的という概念が有限的な条件なので，各 Γ_n の整合性から Γ_ω の整合性が出る．後の証明はまったく変えることなく，完全性の証明が行える．

この方法による証明の良い点は，φ_n の並べ方に工夫をしなくてよいことである．

第 6 章の演習問題

6.1 微分可能性より，$\varepsilon \approx 0, \varepsilon \neq 0$ に対して，$(f(a+\varepsilon) - f(a))/\varepsilon \approx \alpha$．よって $f(a+\varepsilon) - f(a) \approx \varepsilon\alpha \approx 0$.

6.2 (1) $\Rightarrow$ (2): (1) を仮定する．移行原理から同じ論理式が $\mathbb{R}^*$ でも成立する．x として無限大自然数 m をとり，これに対する y を n^* としてとれば，それは無限大自然数であり，$\varphi(n^*)$ が成り立つ．

(2) $\Rightarrow$ (1): (2) を仮定する．任意の自然数 $m \in \mathbb{N}$ をとるとき，$\mathbb{R}^* \models m \leq n^* \land \varphi(n^*)$ なので，

$$\mathbb{R}^* \models \exists x \in \mathbb{N}(m \leq x \land \varphi(x))$$

である．移行原理により，$\mathbb{R} \models \exists x \in \mathbb{N}(m \leq x \land \varphi(x))$．$m$ は任意だったから，

$$\mathbb{R} \models \forall x \in \mathbb{N} \exists y \in \mathbb{N}(x \leq y \land \varphi(y)).$$

6.3 (1) $\Rightarrow$ (2): (1) を仮定する．$\mathbb{R} \models \forall y \in \mathbb{N}(m \leq y \to \varphi(y))$ を満足する m をとる．移行原理から，同じ論理式が $\mathbb{R}^*$ でも成立する．n^* を任意の無限大自然数とすれば，仮定部分 $m \leq n^*$ は成立しているので，結論部分 $\varphi(n^*)$ も成立する．

(2) $\Rightarrow$ (1): (1) を否定する．$\mathbb{R} \models \forall x \in \mathbb{N} \exists y \in \mathbb{N}(x \leq y \land \neg\varphi(y))$ である．関数 $f : \mathbb{N} \to \mathbb{N}$ を，

$$\mathbb{R} \models \forall x(x \leq f(x) \in \mathbb{N} \land \neg\varphi(f(x))$$

を満たすようにとる．移行原理から

$$\mathbb{R}^* \models \forall x(x \leq f^*(x) \in \mathbb{N}^* \land \neg\varphi(f^*(x))$$

である．m^* を無限大自然数とすれば，

$$\mathbb{R}^* \models m^* \leq f^*(m^*) \in \mathbb{N}^* \land \neg\varphi(f^*(m^*))$$

である．このとき，$f^*(m^*)$ は無限大自然数で，$\neg\varphi(f^*(m^*))$ である．これは (2) の否定を意味する．

6.4 $\mathbb{N}\times\mathbb{R}$ の部分集合 X を

$$X=\{(i,r)\in\mathbb{N}\times\mathbb{R}:\mathbb{R}\models\varphi_i(r)\}$$

で定義する．仮定から，

$$\mathbb{R}\models\forall i\in\mathbb{N}\exists x\forall j\in\mathbb{N}(j\leq i\rightarrow(j,x)\in X)$$

である．移行原理から同じ論理式が $\mathbb{R}^*$ でも成立する．i^* として，無限大自然数をとれば，適当な $r^*\in\mathbb{R}$ に対して，

$$\mathbb{R}^*\models\forall j\in\mathbb{N}^*(j\leq i^*\rightarrow(j,r^*)\in X^*)$$

である．$j\in\mathbb{N}$ のときは，$j\leq i^*$ が成り立つので，

$$(j,r^*)\in X^*$$

である．X の定義から，$\mathbb{R}^*\models\varphi_j(r^*)$ を得る．

索　引

著者略歴
坪井明人（つぼい・あきと）
1955 年東京都昭島市に生まれる．1979 年東京大学理学部数学科卒業．1985 年筑波大学大学院博士課程修了．理学博士．筑波大学名誉教授．

専門：数理論理学，モデル理論

主要著書：『モデルの理論』（河合文化教育研究所，1997）
　　　　　『集合入門』（牧野書店，2019）（共著）

数理論理学の基礎・基本　POD 版

2023 年 7 月 3 日　発行

著者　　　坪井明人

印刷　　　大日本印刷株式会社
製本　　　　　　同

発行者　　森北博巳
発行所　　森北出版株式会社
　　　　　〒102-0071　東京都千代田区富士見 1-4-11
　　　　　03-3265-8342（営業・宣伝マネジメント部）
　　　　　https://www.morikita.co.jp/

ISBN978-4-627-07909-0